BABY'S CROCHET BEST SELECTION

一周轻松完成！河合真弓

宝宝编织大全集

［日］E&G 创意　著

陈　琛　译

中国水利水电出版社
www.waterpub.com.cn

目 录

婴儿帽

2 0 ~ 12个月
P.6

16 0 ~ 12个月
P.46

18 0 ~ 12个月
P.47

20 0 ~ 12个月
P.52

23 0 ~ 12个月
P.53

27 0 ~ 12个月
P.64

连指手套

21 0 ~ 12个月
P.52

24 0 ~ 12个月
P.53

婴儿鞋

3 0 ~ 12个月
P.6

17 0 ~ 12个月
P.46

19 0 ~ 12个月
P.47

22 0 ~ 12个月
P.52

25 0 ~ 12个月
P.53

29 0 ~ 12个月
P.64

短上衣

31 12~24个月
P.68

马甲

36 12~24个月
P.71

带帽披肩

37 12~24个月
P.78

38 0~12个月
P.79

猴裤、短裤和底裤

32 12~24个月
P.69

33 12~24个月
P.69

34 12~24个月
P.70

35 12~24个月
P.70

40 12~24个月
P.82

无袖连衣裙

39 12~24个月
P.82

41 12~24个月
P.83

套装搭配体验

介绍本书中可进行组合搭配的作品。
还可根据自己的喜好，自由选择搭配。

背心套装

1+2+3   *4+16+17*

礼服套装

7+18+19   *8+18+19*   *9+16+17*   *11+16+17*

披肩套装

10+20+21+22+26   *27+28+29*   *23+24+25+30*

 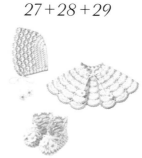 

无袖连衣裙套装   **短上衣套装**   **马甲套装**

39+40   *31+32*   *31+33*   *34+36*   *35+36*

背心、婴儿帽和婴儿鞋

条纹图案的 3 款可爱套装，奶黄色搭配白色，男女宝宝都适合。
编织全款套装，是送给小宝贝的最好礼物。

编织方法＊作品 1…第 8 页　2…第 54 页　3…第 56 页
重点教程＊作品 1…第 10 页　2…第 55 页　3…第 57 页

0～12 个月

1

2

3

4

背心

背心使用单侧开合，方便穿脱。
与第 6 页作品的编织方法相同，但开合位置和绳带改变后，就能改款成女宝宝式样。
细节也精心设计，绳带两头加上了花形花纹。

编织方法＊第 8 页
重点教程＊第 10 页

✻ 作品 1 的材料
Milky Baby
11（奶黄色）…90g
1（白色）…60g
✻ 作品 4 的材料
Milky Baby
3（粉色）…150g
✻ 钩针
4/0 号
✻ 织片密度
10cm 见方：花纹针 24 针 10.5 行
✻ 成品尺寸
衣长 33.5cm、后衣宽 30cm、
背肩宽 24cm

❶ 编织前后衣片
❷ 拼接肩部
❸ 编织边缘针

✻ 编织方法
* 作品 1 用奶黄色和白色搭配成条纹，作品 4
按相同编织方法用粉色单色编织。
❶ 编织前后衣片
编织 178 针锁针（起针），作品 1 用配色条纹
编织 16 行，作品 4 用粉色编织 16 行。织片分
为 3 片，接线拼接右前衣片，再接新线编织 16
行后衣片及左前衣片。
❷ 拼接肩部
反面向内对合前后衣片的肩部，卷针接合拼接
（参照 P.11）。
❸ 编织边缘针
作品 1 用奶黄色编织花纹针 A，作品 4 用粉色
编织花纹针 B，分别同下摆、前开襟、领窝接
合编织。袖窿同样各自编织边缘针 A 及 B。

❹ 编织绳带
作品 1…编织 2 根绳带 a，编织 2 根绳带 b。
作品 4…编织 2 根绳带 c，编织 2 根绳带 b。
❺ 收尾处理
作品 1…绳带 a 钉缝接合于衣片的正面和反面，
绳带 b 钉缝接合于衣片的反面的指定位置，左
前侧朝上。
作品 4…绳带 c 钉缝接合于衣片的正面和反面，
绳带 b 钉缝接合于衣片反面的指定位置，同作
品 1 对称的左前侧朝上。

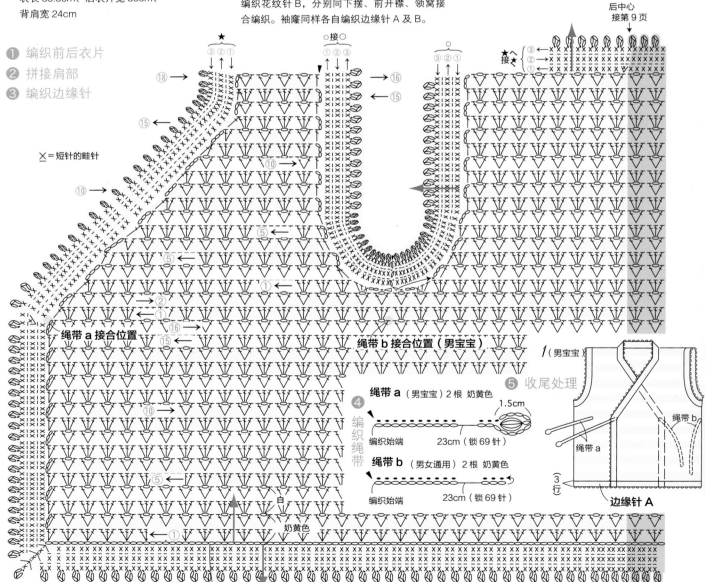

✕＝短针的畦针

绳带 a 接合位置
绳带 b 接合位置（男宝宝）

❹ 编织绳带

绳带 a （男宝宝）2 根 奶黄色
1.5cm
编织始端 23cm（锁 69 针）

绳带 b （男女通用）2 根 奶黄色
编织始端 23cm（锁 69 针）

❺ 收尾处理

1（男宝宝）
绳带 b
绳带 a
③行
边缘针 A

白
奶黄色
锁（178 针）起针
侧边
后中心
（接第9页）

后中心
接第9页

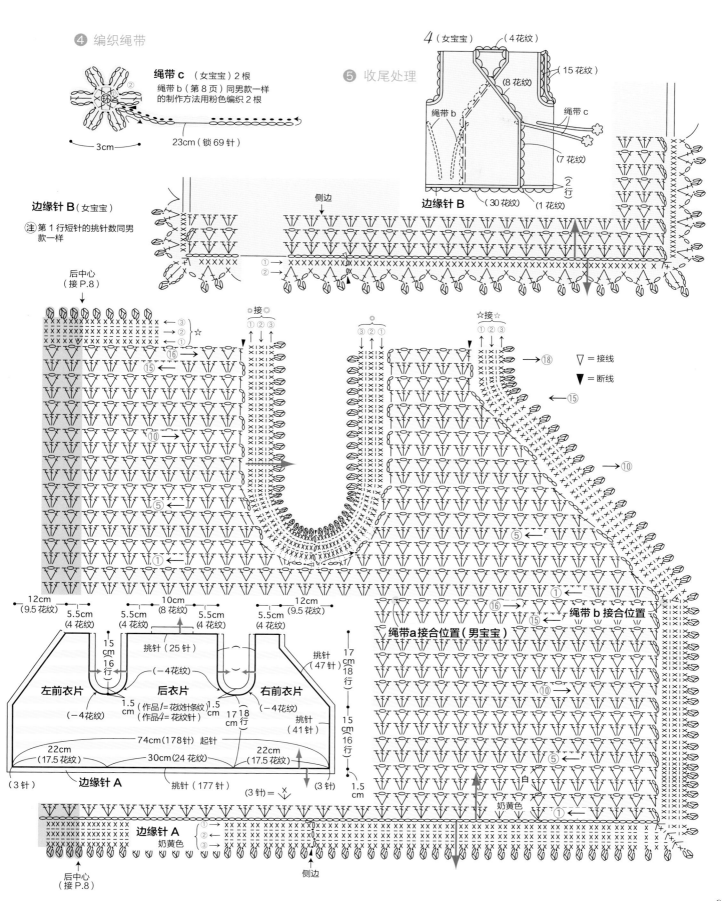

④ 编织绳带

绳带 c（女宝宝）2 根
绳带 b（第 8 页）同男款一样
的制作方法用粉色编织 2 根

3cm

23cm（锁 69 针）

⑤ 收尾处理

4（女宝宝）

（4 花纹）

（15 花纹）

（8 花纹）

绳带 b

绳带 c

（7 花纹）

②行

边缘针 B

（30 花纹）（1 花纹）

边缘针 B（女宝宝）

注 第 1 行短针的挑针数同男
款一样

后中心
（接 P.8）

侧边

接
① ② ③

③ ② ①

接
① ② ③

⑱

= 接线
= 断线

⑯

⑮

⑮

⑩

⑩

⑤

⑤

①

绳带 b 接合位置

⑯

绳带 a 接合位置（男宝宝）

⑮

⑩

12cm
（9.5 花纹）

5.5cm
（4 花纹）

10cm
（8 花纹）

5.5cm
（4 花纹）

5.5cm
（4 花纹）

12cm
（9.5 花纹）

5.5cm
（4 花纹）

15
cm
16
行

挑针（25 针）

挑针
（47 针）

17
cm
18
行

左前衣片
（−4 花纹）

后衣片
（作品Ⅰ= 花纹针条纹）
（作品Ⅱ= 花纹针）

右前衣片
（−4 花纹）

1.5
cm
−4 花纹

1.5
cm

17 18
cm 行

挑针
（41 针）

15
cm
16
行

22cm
（17.5 花纹）

74cm（178 针）起针

30cm（24 花纹）

22cm
（17.5 花纹）

1.5
cm

（3 针）

边缘针 A

挑针（177 针）

（3 针）

白

奶黄色

（3 针）=

⑤

①

边缘针 A

奶黄色

① →

② ←

③ →

后中心
（接 P.8）

侧边

9

重点教程

背心

0 ~ 12个月   编织方法…p.8

* 图中通过单色的作品4进行解说。接合线部分使用其他颜色，便于理解。

领窝的减针

〈 长针2针并1针·行的始端 〉

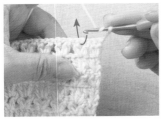   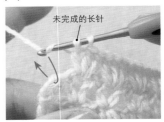

〈 长针2针并1针·行的末端 〉

未完成的长针

1　前领窝的减针从下摆开始，第17行编织长针2针并1针。编织始端锁针3针立起。

2　入针于步骤1箭头所示针圈，编织长针。编织始端由此减针1针。

3　领窝第1行参照记号图，编织花纹针左端的3针内侧。

4　编织末端挂针于未完成的长针（参照第91页）1针，入针于上一行立起的锁针（箭头）。

5　引出线，编织未完成的长针，将挂于针的线祥一并引拔。

6　编织末端2针并1针完成。

7　减针的始端按步骤1及2的要领编织立起的锁3针及长针1针。

8　末端将第2针未完成的长针编入于上一行最后的针圈，完成2针并1针。

袖窿的减针

〈 右前袖窿 〉

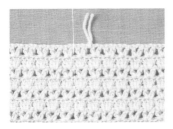   

1　从袖窿第3行（下摆开始第19行）开始袖窿的减针。接线于左右的侧边线。

2　首先，制作接着线的右前袖窿。

3　拉收最后的针圈。靠近针圈过线，入针引出于第2行始端位置。

4　第2行的始端编织立起的锁3针及长针1针（长针2针并1针），之后编织花纹针。

〈 后袖窿 〉

5 袖窿的第3行编织长针2针并1针的减针。接着，按记号图编织。图为第4行编织完成状态。

6 后衣片从箭头入针于第2针的锁针，并引出新线。

7 如步骤6的箭头所示，再次挂线引拔，接着编织高度不同的针圈。

8 编织锁针、短针、中长针。第2行之后按长针2针并1针的减针制作袖窿的弯边部分。

〈 左前袖窿 〉

9 对称侧的袖窿同右前袖窿编织方法一样。图为后袖窿末端。

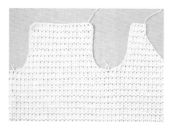

10 右前衣片、后衣片完成。前衣片的线头留50cm，用于拼接肩部。

11 同后衣片一样接线，对领窝及袖窿进行减针，编织左前衣片。

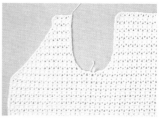

12 图为左前衣片完成状态。线头留50cm，用于拼接肩部。

肩部的拼接方法（卷针拼接）

1 反面向内对合前后肩部，末端留下的线头穿入缝针，编织末端逐针挑起引线。

2 端部在相同位置再次穿针，接着入针接合于2根锁链状内。

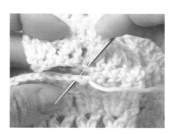

3 前后部分均入针于2根锁链状内，逐针拼接。

4 末端入针2次并引线，线头潜入拼接针圈。

5

背心

0~12个月

精致的镂空图案编织而成的背心，温和地调节着宝宝的体温。
第13页的长款背心甚至可以延伸至宝宝的小脚，带来更温暖的呵护。

编织方法＊作品5・6…第14页
重点教程＊作品5・6…第16页

congratulations
on your new baby

6

★ 作品 5 的材料
Milky Baby 4（奶黄色）…140g

★ 作品 6 的材料
Milky Baby 5（蓝色）…200g

★ 钩针
4/0 号

★ 织片密度
10cm 见方：花纹针 2.6 花纹 14 行

★ 成品尺寸
作品 5…胸围 40cm、背肩宽 23cm、衣长 34.5cm
作品 6…胸围 40cm、背肩宽 23cm、衣长 46cm

★ 编织方法
*作品 5 及 6 的编织方法相同。但是，作品 6 的侧边长比作品 5 多编 16 行（记号图的 ▨ 部分）。

① 编织前后衣片
锁 201 针起针，花纹针连续整片编织右前衣片、后衣片及左前衣片。作品 5 的侧边长编织 24 行，作品 6 的侧边长编织 40 行，作品 5 和 6 的袖窿及领窝的编织方法相同。

② 拼接肩部
反面向内对合前后肩部，肩部卷针拼接接合（参照第 11 页）。

③ 编织边缘针
下摆、前端、前后领窝侧连续编织 3 行边缘针。左右袖窿侧同样分别编织边缘针。

④ 编织接合绳带
作品 5 的绳带 A 及 B 各编织 2 根，作品 6 各编织 4 根。参照绳带接合位置图接合。因为接合于衣片的正面和反面，所以需要精准确认位置后接合。

※ 作品 5 按照记号图编织。
※ 作品 6 起针编织 20 行后，继续编织 ▨ 内的 16 行。接着，如图所示编织至肩部。

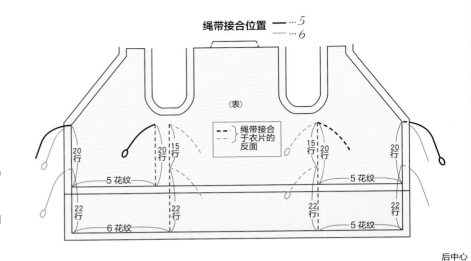

绳带接合位置 —…5
—…6

（表）

- - - - 绳带接合于衣片的反面

20行　20行 15行　　15行 20行　　20行
5 花纹　　　　　　　　　5 花纹
22行　22行　　　22行　22行
6 花纹　　　　　　　　5 花纹

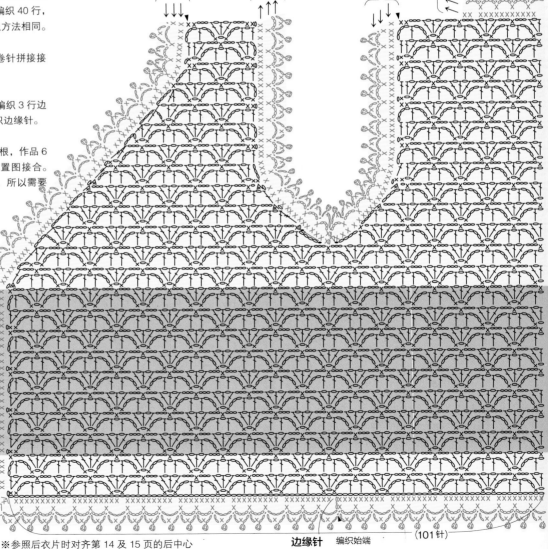

后中心

★　接●　　●　接★

边缘针　编织始端
（101针）

※参照后衣片时对齐第 14 及 15 页的后中心

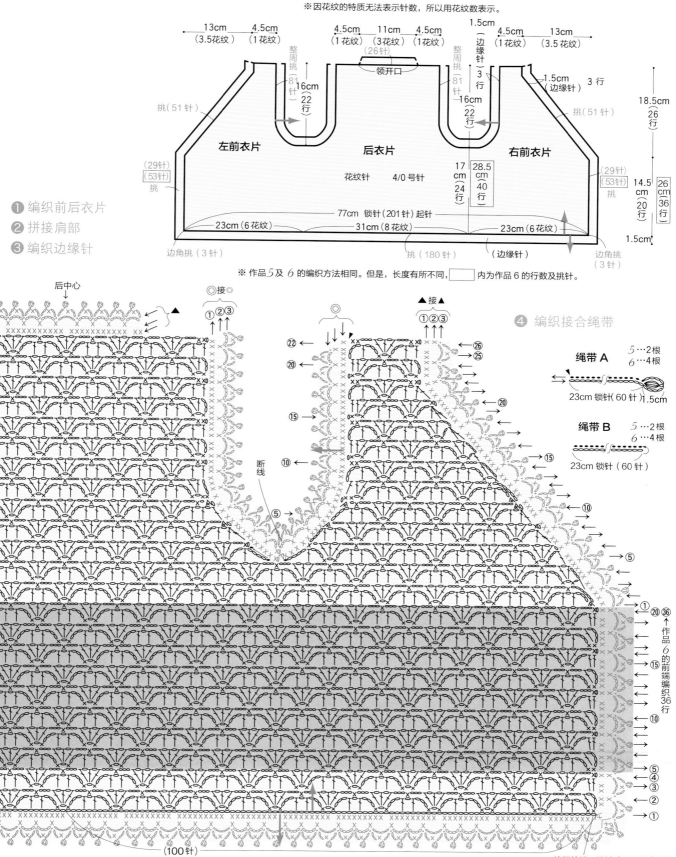

※因花纹的特质无法表示针数，所以用花纹数表示。

13cm 4.5cm   4.5cm 11cm 4.5cm   1.5cm 4.5cm   13cm
(3.5花纹)(1花纹)   (1花纹)(3花纹)(1花纹) 边缘针 (1花纹) (3.5花纹)
                          (26针)   3行
                          领开口

整周挑   整周挑   1.5cm
(81针)   (81针)   (边缘针) 3行
          16cm   16cm
          (22行)   (22行)

挑(51针)   挑(51针)   18.5cm
                                                             26行

左前衣片   后衣片   右前衣片

(29针)   (29针)   14.5cm 26
(53针) 花纹针 4/0号针   17   28.5   (53针)   20行   36行
挑   cm   cm   挑
                    24   40
                    行   行
        77cm 锁针(201针)起针   1.5cm

23cm(6花纹)   31cm(8花纹)   23cm(6花纹)

边角挑(3针)   挑(180针)   (边缘针)   边角挑
                                               (3针)

① 编织前后衣片
② 拼接肩部
③ 编织边缘针

※ 作品5及6的编织方法相同。但是，长度有所不同，□内为作品6的行数及挑针。

后中心

④ 编织接合绳带

绳带A   5…2根
        6…4根
        23cm 锁针(60针) 1.5cm

绳带B   5…2根
        6…4根
        23cm 锁针(60针)

断线

↑作品6的前端编织36行

(100针)

编织始端 锁针(201针)起针

15

重点教程

 5 6

背心

0～12个月　　编织方法...P.14

＊图中通过作品5进行解说。

 前领窝的减针

〈 长针2针并1针・右前端 〉

〈 左前端 〉

1　前领窝第4行（距下摆24行）编织长针的2针并1针。始端为立起的锁3针和长针1针。

2　由前端由此形成长针的2针并1针，下一行编入长针的头部。

3　编织末端将未完成的长针1针（参照91页）挂于钩针，上一行立起的锁针侧编织未完成的长针。

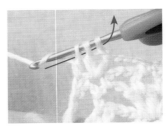

4　针上未完成的长针2针，挂线于针尖一并引拔。

〈 中长针和长针的2针并1针・右前端 〉

〈 左前端 〉

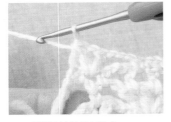

5　长针2针并1针完成。

6　第6行为中长针和长针的2针并1针，始端（右前端）为立起锁2针及长针1针。

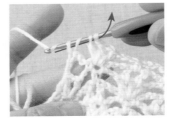

7　末端（左前端）将未完成的长针挂于钩针，挂线引出线袢。

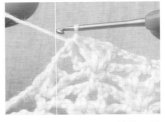

8　如步骤7箭头所示，挂线一并引拔。

〈 长针和长长针的2针并1针・右前端 〉

〈 短针2针并1针 〉

9　第7行的端部编织长针和长长针的2针并1针。未完成的长针挂起，编织长长针。

10　未完成的长针和未完成的长长针完成（参照91页），挂线于针尖一并引拔。

11　长针和长长针2针并1针完成。编织始端为立起的锁4针和长针1针（　　）。

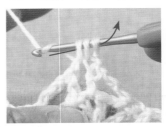

12　第10行的端部为短针2针并1针，入针于上一行，引出2针线袢。

〈 长长针 1 针和长针 2 针的 3 针并 1 针·左前端 〉　　　〈 右前端 〉

13　挂线于针尖，如步骤 12 箭头所示引拔，短针 2 针并 1 针完成。左右的编织方法相同。

14　第 19 行编织长长针 1 针和长针 2 针的 3 针并 1 针。编织始端（左前端）为锁 4 针和长针 2 针并 1 针。

15　末端（右前端）编织未完成的长针 2 针和未完成的长长针 1 针，挂线于针尖。

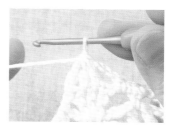

16　如步骤 15 所示一并引拔，3 针并 1 针完成。

袖窿弯边部分的编织方法

1　从下摆编织 24 行，左右的侧边线加线印。

2　从右线头的左前衣片编织。第 1 行末端的引拔针完成后，线头穿入针圈。

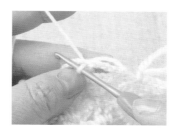

3　袖窿第 2 行入针于上一行长针的头部，引出线。从第 1 行末端至此针圈，将线穿入反面。

4　第 2 行之后按前领窝相同要领编织，编织各种 2 针并 1 针及 3 针并 1 针，完成弯边部分。

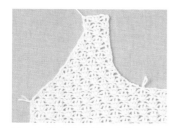

5　左前衣片编织至肩部，留下 30cm 线头，用于肩部拼接。

6　后衣片从左侧边的线记号接线于第 2 针。

7　后衣片对照记号图，左右减针制作弯边部分。

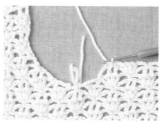

8　右前衣接线于右侧边线记号的第 2 针，后左袖窿按弯边部分相同要领编织。

7

8

婴儿礼服

第 18 页的基本款 7 是一件给人清新印象的婴儿礼服。
再将成品花边缝接于基本款,就是一件更显华丽的作品 8 。
从孩子出生开始的纪念意义,一针一针地细密缝制,将会是特别的记忆。

编织方法 * 作品 7 · 8 … 第 22 页
重点教程 * 作品 7 · 8 … 第 25 页

9

17

16

婴儿服

0～12个月

第18页的婴儿礼服为基本型，仅仅加上花纹装饰的绳带，就能修饰出可爱的效果。
搭配46页的作品 16 婴儿帽和作品 17 婴儿鞋，就是一份最好的庆生礼物。

编织方法＊第22页
重点教程＊第25页

✱ 作品7的材料
Milky Baby
　9（象牙白）…500g
　直径1.5cm纽扣10个
　松紧绳44cm

✱ 作品8的材料
Milky Baby
　9（象牙白）…500g
　三角花边178cm
　碎花花边357cm

✱ 作品9的材料
Milky Baby
　3（粉色）…505g
　直径1.5cm纽扣10个

✱ 钩针
　4/0号
✱ 织片密度
　10cm见方：花纹针A 34针13.5行
　花纹针B 27针10行
✱ 成品尺寸
　胸围尺寸、背肩宽23cm、袖长23cm

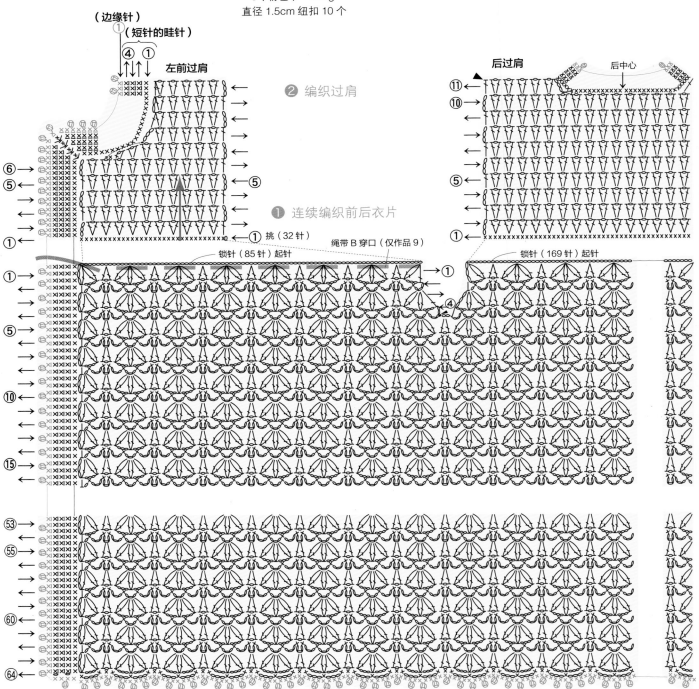

（边缘针）
①（短针的畦针）
④ ①
左前过肩
❷ 编织过肩

后过肩
后中心

❶ 连续编织前后衣片

① 挑（32针）
绳带B穿口（仅作品9）
锁针（85针）起针
锁针（169针）起针

★ 编织方法

① 连续编织前后衣片
左右前衣片分别编织85针，后衣片锁针169针起针，分别编织4行。
3片布件编织完成后如图所示，后衣片的第4行编织完成后接合于左前衣片，右前衣片接合于后衣片，成为一整片。下一行开始，无加减针编织64行花纹针。

② 编织过肩
过肩从前后衣片的起针分别用短针挑起针圈，花纹针B减针编织领窝。

③ 编织袖子
袖子从袖山侧起针，编织花纹针A。
接着，编织1行边缘针。

④ 拼接肩部
反面向内对合前后肩部，卷针接合拼接（参照11页）。

⑤ 编织领子及前开襟
领窝及前端用1行短针挑起针圈，第2行至第4行编织短针的畦针（右前开襟10处开扣眼），最后接前端、领窝及下摆编织1行边缘针。

⑥ 拼接袖子
锁针钉缝袖下之后，引拔针钉缝拼接袖子（参照25页）。

⑦ 松紧带及绳带穿入袖子
作品7·8将松紧绳穿入袖子打结，作品9将绳带穿入袖子打结。

⑧ 收尾处理
缝接纽扣。
作品8参照图示，缝接花边。

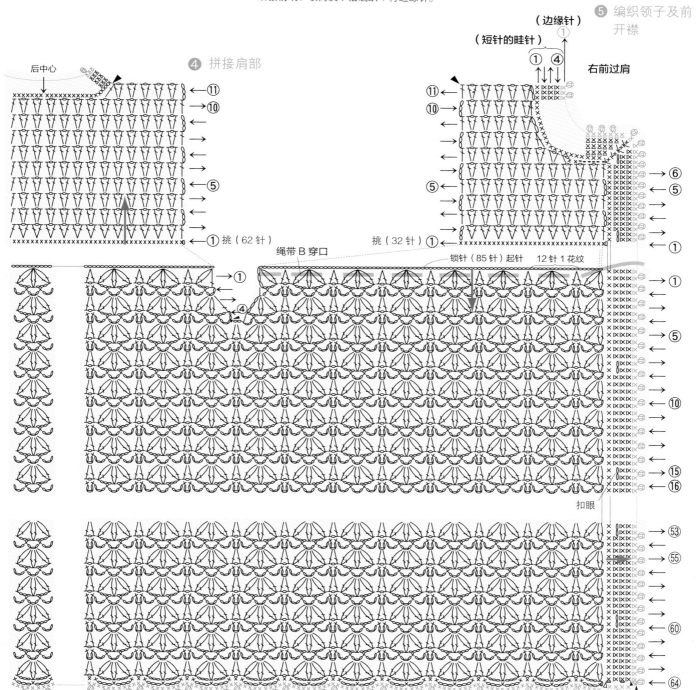

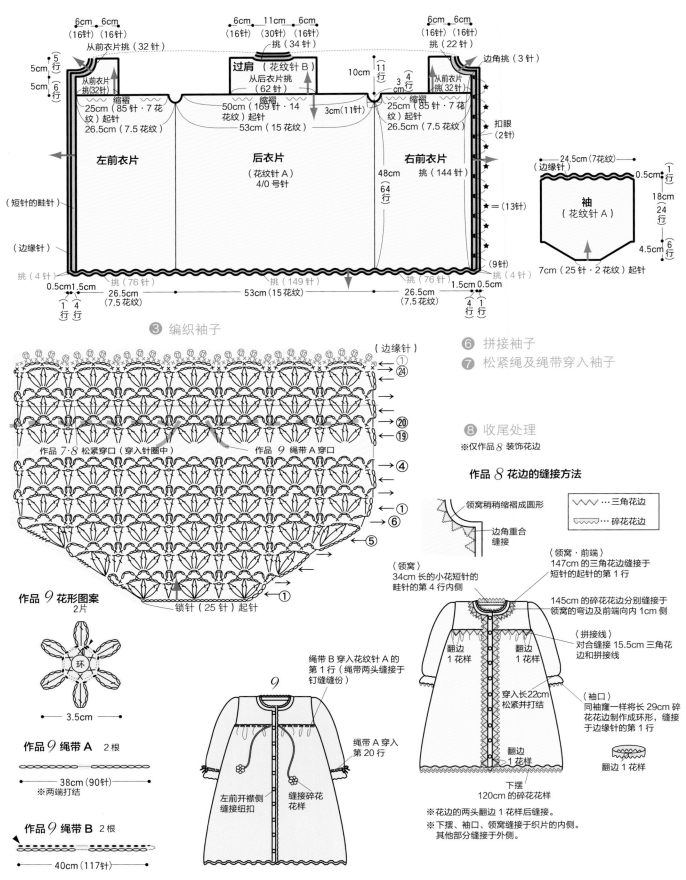

6cm 6cm
(16针)(16针)
从前衣片 (32针)
5cm (5行)
从前衣片挑 (32针)
5cm (6行)
缩褶
25cm (85针·7花纹) 起针
26.5cm (7.5花纹)

左前衣片

(短针的畦针)
(边缘针)
挑 (4针)
0.5cm 1.5cm
(1行)(4行)
26.5cm (7.5花纹)

6cm 11cm 6cm
(16针)(30针)(16针)
挑 (34针)
过肩 (花纹针B)
从后衣片挑 (62针)
缩褶
50cm (169针·14花纹) 起针
53cm (15花纹)

后衣片
(花纹针A)
4/0 号针

挑 (149针)
53cm (15花纹)

10cm
11行
3cm (11针)
3cm (4行)

48cm (64行)

6cm 6cm
(16针)(16针)
挑 (22针)
边角挑 (3针)
缩褶
25cm (85针·7花纹) 起针
26.5cm (7.5花纹)

右前衣片
挑 (144针)

★扣眼 (2针)
★
★
★
★ = (13针)
★
(9针)
挑 (76针)
1.5cm 0.5cm
(4行)(1行)
26.5cm (7.5花纹)

24.5cm (7花纹)
(边缘针)
0.5cm (1行)
袖
(花纹针A)
18cm (24行)
4.5cm (6行)
7cm (25针·2花纹) 起针

③ 编织袖子

(边缘针)
①
24
20
19
④
①
⑥
⑤
①
作品 7·8 松紧穿口 (穿入针圈中)
作品 9 绳带A 穿口
锁针 (25针) 起针

⑥ 拼接袖子
⑦ 松紧绳及绳带穿入袖子

⑧ 收尾处理
※仅作品 8 装饰花边

作品 8 花边的缝接方法

领窝稍稍缩褶成圆形
边角重合缝接

〰〰〰…三角花边
〰〰〰…碎花花边

作品 9 花形图案
2片
环
3.5cm

作品 9 绳带A 2根
38cm (90针)
※两端打结

作品 9 绳带B 2根
40cm (117针)

9
绳带B 穿入花纹针A的第1行 (绳带两头缝于钉缝缝份)
绳带A 穿入第20行
左前开襟侧缝接纽扣
缝接碎花花样

〈领窝〉
34cm 长的小花短针的畦针的第4行内侧

〈领窝·前端〉
147cm 的三角花边缝接于短针的起针的第1行

145cm 的碎花花边分别缝接于领窝的弯边及前端向内1cm 侧

〈拼接线〉
对合缝接 15.5cm 三角花边和拼接线

〈袖口〉
同袖隆一样将长 29cm 碎花花边制作成环形,缝接于边缘针的第1行

翻边 1 花样
翻边 1 花样
穿入长22cm 松紧并打结
翻边 1 花样
下摆 120cm 的碎花花样

翻边 1 花样

※花边的两头翻边 1 花样后缝接。
※下摆、袖口、领窝缝接于织片的内侧。
  其他部分缝接于外侧。

24

重点教程

7 8 9

婴儿礼服 A 和婴儿礼服 B

0~12个月　　编织方法…P.22

＊ 图中通过作品7进行解说。钉缝线使用不同颜色，便于理解。

袖窿的编织方法和缩褶的方法

1 衣片的左前侧编织至第4行后休线，后侧及右前侧同样编织至第4行，后侧拼接于左前侧，右前侧拼接于后侧。

2 用休止的左前侧的线连续编织后侧及右前侧。袖窿部分在锁2针侧编织1针长针、锁1针及1针长针。

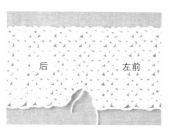

3 之后，接着左右的前侧及后侧，宽大的一整片编织至下摆。

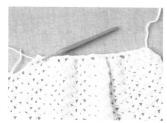

4 过肩编织1行短针，前侧左右均编织32针，挑62针收缩于后侧。

5 从第2行开始，继续编织长针及锁针的花纹针B。

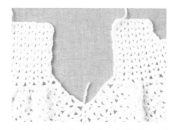

6 制作编织前领窝、后领窝。图中已编织至肩部。

袖子的拼接方法（引拔钉缝）

1 衣片翻到反面，袖子送入内侧，衣片正面向内等间隔打珠针。

2 接线于侧边线，穿针于衣片及2片袖子，引拔钉缝。

3 入针于衣片的1针和2针之间，引拔钉缝。

4 钉缝末端的线头留15cm，针圈放大拉伸，引出线头。

5 线头穿入手缝针，撩起潜入钉缝针圈，处理线头。

6 袖子拼接末端。翻到正面，确认线头没有出来。

10

婴儿礼服 A

0～12个月

为迎接家族新成员而特别编织的婴儿服。简单清新的色调，映衬着小宝贝的纯真可爱。同 59 页的作品披肩搭配，感受到礼服般华丽的氛围。

编织方法 ＊ 第 30 页
重点教程 ＊ 第 29 页

26

11

婴儿礼服

同 26 页的婴儿礼服，颜色有差异。
过肩部分为条纹，再用花形花样的绳带打结。
男宝宝使用浅蓝色和白色配线，就像帅气的小海军。

编织方法＊第 *30* 页
重点教程＊第 *29* 页

0～12个月

重点教程

 *10* *11*

婴儿礼服和婴儿服

0~12个月　编织方法…P.30

＊图中通过单色的作品 10 进行解说。钉缝线使用不同颜色，便于理解。

🎀 袖窿的编织方法和缩褶的方法

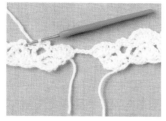

1　左右的前衣片和后衣片分别编织至第2行，第3行编织锁5针，并将3片拼接。

2　第4行接前后衣片，袖窿中心的长针2针和锁4针的V字形编入锁针针圈。

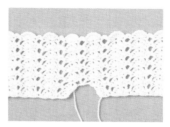

3　接前后衣片的宽大的一整片，连续编织花纹针至下摆。

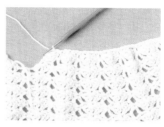

4　过肩的第1行短针在图示位置编入于起针的锁针，并缩褶。

🎀 袖子的拼接方法（引拔钉缝）

5　第2行如图所示，长针各3针编织成花纹，第3行编织短针。

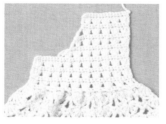

6　制作编织前领窝、后领窝。花纹针编织至肩部。

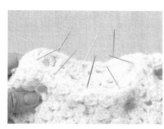

1　衣片翻到反面，袖子送入内侧，衣片正面向内等间隔打珠针。

2　接线于侧边线，穿针于衣片及2片袖子，引拔钉缝。

3　入针于衣片的1针和2针之间，细密引拔钉缝。

4　钉缝末端的线头留15cm，针圈放大拉伸，引出线头。

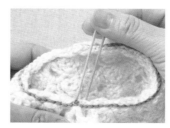

5　线头穿入手缝针，撩起潜入钉缝针圈，处理线头。

6　袖子拼接末端。翻到正面，确认线头没有出来。

10、11 婴儿礼服和婴儿服

0～12个月

编织方法＊第26～28页
重点教程＊第29页

＊作品 10 的材料
Milky Baby
　11（奶黄色）…400g
　直径 1.3cm 纽扣 10 个

＊作品 11 的材料
Milky Baby
　3（粉色）…405g
　1（白色）…35g
　直径 1.3cm 花形纽扣 10 个
＊钩针
　4/0 号

＊织片密度
10cm 见方：花纹针 A 23 针・11 行，
花纹针 B 24.5 针・15 行
＊成品尺寸
胸围 98cm、背肩宽 23cm、袖长 23cm、
衣长 58cm

❶ 连续编织前后衣片
❷ 编织过肩
❹ 拼接肩部
❻ 编织边缘针

●＝过肩第 1 行挑针位置
※后过肩的挑针为"挑 14 针 ×4
次 +1 针"

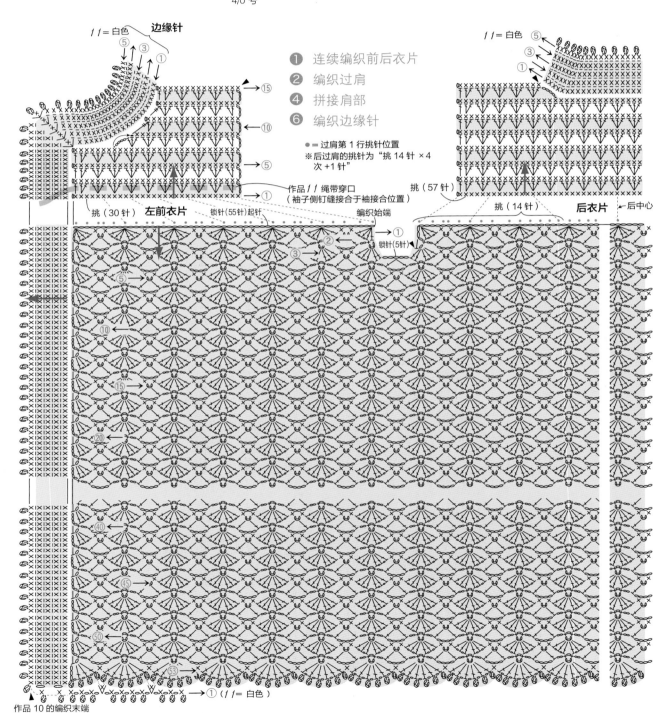

30

★ 编织方法

1 连续编织前后衣片
衣片在过肩拼接线各编织2行,后衣片
109针,左右前衣片各55针。
第3行连接3片成一整片,花纹针编织至
第53行。

2 编织过肩
过肩从前后衣片的起针开始挑针,花纹针
B分别编织左右的前过肩和后过肩。作品
11的婴儿服按相同方法,每2行换线编
织条纹。

3 编织袖子
袖子从袖山侧挑针,编织花纹针A。

4 拼接肩部
反面向内对齐前后肩部,卷针接合拼接(参
照第11页)。

5 钉缝袖下
袖子锁针钉缝袖下,制作成环状。

6 编织边缘针
前开襟、领子连续编织边缘针。作品11的婴儿
服用白色线编织第5行,继续编织下摆。
作品11的袖口用白色编织1行边缘针。

7 缝接袖子
引拔钉缝衣片和袖子(参照29页)。

8 收尾处理
绳带:锁针绳带穿入袖口,作品11的婴儿服的
前过肩穿入图示中绳带。最后,缝接纽扣。

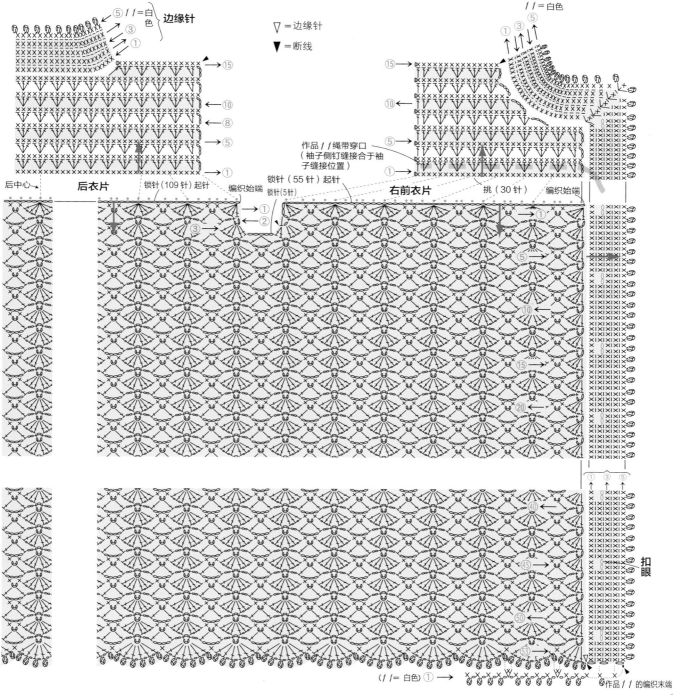

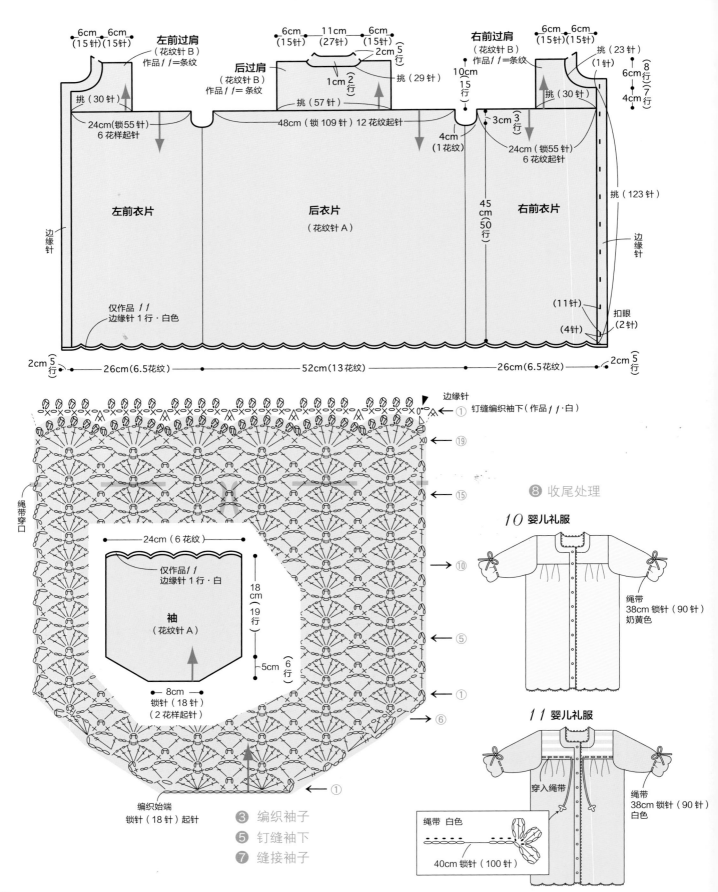

6cm（15针）　6cm（15针）
左前过肩（花纹针B）作品11＝条纹
6cm（15针）　11cm（27针）　6cm（15针）
后过肩（花纹针B）作品11＝条纹
2cm5行
1cm2行
挑（29针）
挑（57针）
右前过肩（花纹针B）作品11＝条纹
6cm（15针）　6cm（15针）
挑（23针）
（1针）
10cm15针
8行
6cm（7行）
4cm

挑（30针）
24cm（锁55针）6花样起针
48cm（锁109针）12花纹起针
3cm3行
4cm（1花纹）
24cm（锁55针）6花样起针
挑（30针）
挑（123针）

左前衣片
后衣片（花纹针A）
45cm50行
右前衣片
边缘针
边缘针

仅作品11边缘针1行・白色
（11针）
（4针）
扣眼（2针）

2cm5行　26cm（6.5花纹）　52cm（13花纹）　26cm（6.5花纹）　2cm5行

边缘针
0钉缝编织袖下（作品11・白）
①
×0 ⑲
⑮
绳带穿入口
⑩
24cm（6花纹）
仅作品11边缘针1行・白
袖（花纹针A）
18cm（19行）
5cm（6行）
⑤
8cm锁针（18针）（2花样起针）
①
⑥
编织始端锁针（18针）起针
①

③ 编织袖子
⑤ 钉缝袖下
⑦ 缝接袖子

❽ 收尾处理

10 婴儿礼服
绳带38cm锁针（90针）奶黄色

11 婴儿礼服
穿入绳带
绳带38cm锁针（90针）白色
绳带 白色
40cm锁针（100针）

32

重点教程

12 包毯
编织方法… P.36

🎀 花样的编织方法

〈 长针 2 针的泡泡针 〉

1 编织锁6针，引拔于始端的针圈，制作线环起针。

2 第1行锁3针立起，编织1针锁针。

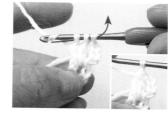

3 长针2针的泡泡针编织未完成的长针（参照91页）2针，挂线于针尖一并引拔。

4 末端将线头贴近针圈，配色线挂于针尖引拔，并换线。

〈 长针 3 针的泡泡针 〉

5 第2行使用配色线，锁3针立起。接着，编织1针长针，再编织锁1针。

6 长针3针的泡泡针将锁针的线裢挑起束紧，编织未完成的长针3针，一并引拔。

7 锁3针，同样在线裢侧再次编织1次长针3针的泡泡针。

8 第3行接第1行的线继续编织。第4行同样接第2行的线编织。

🎀 花样的拼接方法

1 第1片编织4行完成，线头穿入最后的针圈固定。

2 第2片在第4行中间拼接。从第4行辫子的第2针锁针，入针于对面的辫子。

3 挂线于针尖，引拔。单边的7处辫子相互连接。

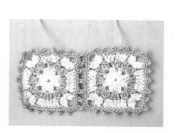

4 两片拼接完成，第3片按同样的方法拼接。

5 第3片的边角入针于第2片相同针圈，引拔。

6 4片的交叉角同样引拔于第2片的相同针圈。

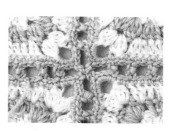

7 交叉角的针圈相互结合的状态。线头引至反面，潜入针圈。

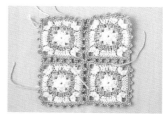

8 4片拼接完成。从第4行拼接，逐次完成。

包毯

一片片花样细密编织拼接而成的包毯，期盼宝宝早日降临。
经久流行的原色线搭配，贴合幼嫩肌肤的质感，
留下童年最初的美好回忆。
选用可水洗毛线，时刻保持卫生、洁净。

编织方法＊第36 页
重点教程＊第33 页

12

12 包毯

编织方法＊第 *34*、*35* 页
重点教程＊第 *33* 页

＊ **材料**
Milky Baby
8（米色）…280g
1（白色）…230g

＊ **钩针**
4/0 号

＊ **织片密度**
花样边长 8.5cm

＊ **成品尺寸**
88cm×88cm

＊ **编织方法**

① 编织第 1 片花样
起针的锁针编织 178 针，6 针锁针成环形，3 针锁针立起，如图所示编织（参照 33 页）。

② 从第 2 片开始拼接编织
第 2 片花样在第 4 行的辫子则编织引拔针，横向及纵向各编织拼接 10 片（参照 33 页）。

③ 编织边缘针
从拼接完成的花样周围挑起针圈，编织 2 行边缘针。

① 编织第 1 片花样

③ 编织边缘针

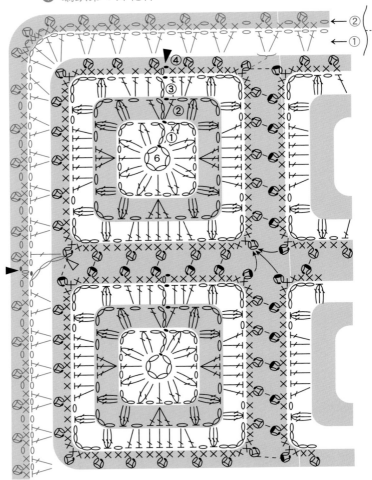

② 从第 2 片开始拼接编织

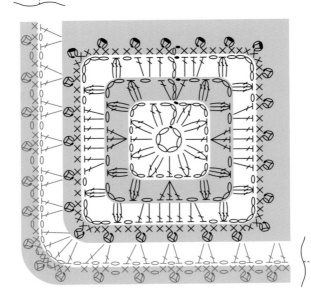

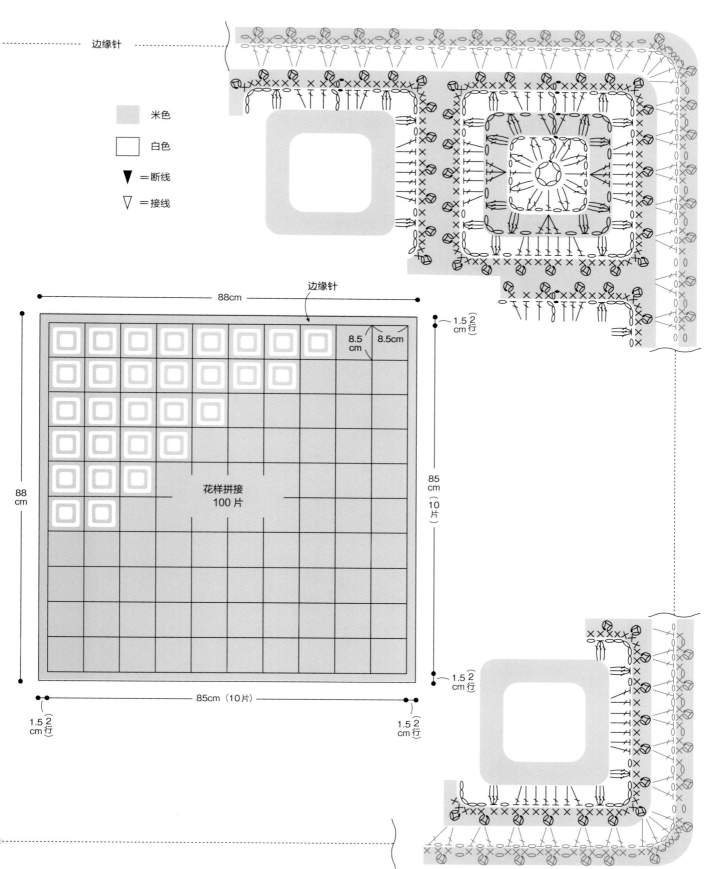

边缘针

米色
白色
▼ ＝断线
▽ ＝接线

边缘针

88cm

8.5cm   8.5cm

1.5cm（2行）

花样拼接
100 片

88cm

85cm（10片）

85cm（10片）

1.5cm（2行）   1.5cm（2行）

1.5cm（2行）

包毯

凸点的泡泡针，舒适时尚的包毯。
可以是宝贝的包毯，也可以是宝贝的床垫，有多种使用方法。
单色的浪漫质感，或者配色搭配出自己喜欢的色调。

编织方法＊作品 *13・14*…第 *40* 页
重点教程＊作品 *13・14*…第 *41* 页

13

14

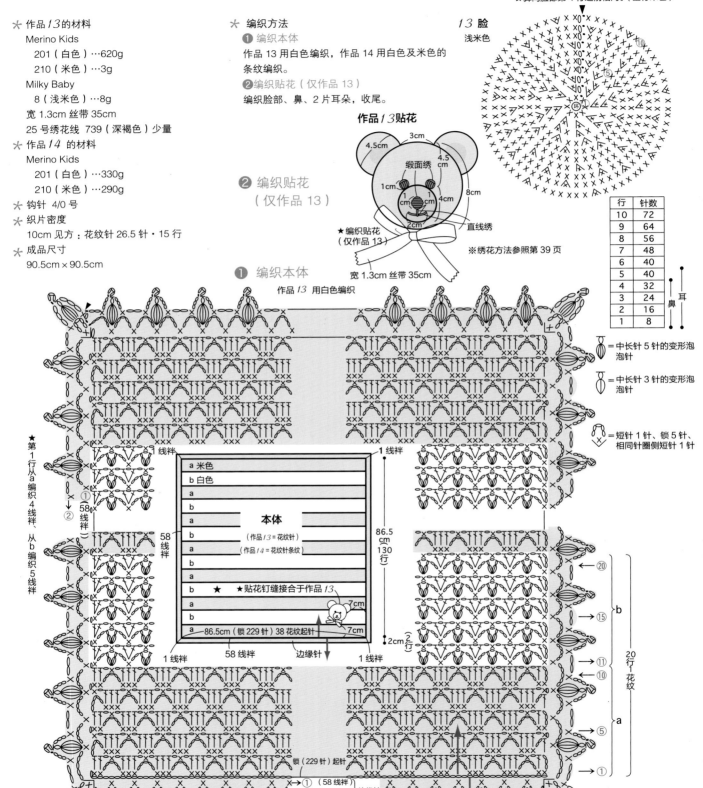

13 · 14 包毯

实物图片 *第38、39 页 重点教程*第41 页

★耳及鼻的加针方法同脸部。
★2片耳同脸部第5行之前相同。
（1～3行为米色，4·5行为浅米色）
★鼻同脸部第4行之前相同。（全行米色）

* 作品13的材料
  Merino Kids
    201（白色）…620g
    210（米色）…3g
  Milky Baby
    8（浅米色）…8g
  宽 1.3cm 丝带 35cm
  25 号绣花线 739（深褐色）少量
* 作品14 的材料
  Merino Kids
    201（白色）…330g
    210（米色）…290g
* 钩针 4/0 号
* 织片密度
  10cm 见方：花纹针 26.5 针 · 15 行
* 成品尺寸
  90.5cm×90.5cm

* 编织方法
  ❶ 编织本体
  作品 13 用白色编织，作品 14 用白色及米色的条纹编织。
  ❷编织贴花（仅作品 13）
  编织脸部、鼻、2 片耳朵，收尾。

13 脸
浅米色

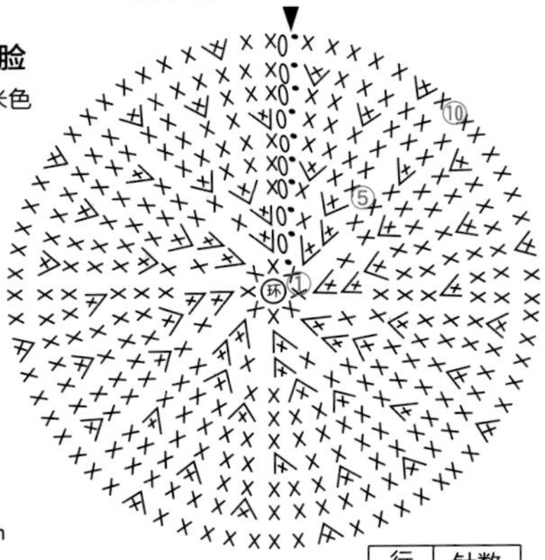

环

行	针数
10	72
9	64
8	56
7	48
6	40
5	40
4	32
3	24
2	16
1	8

鼻（1～4行） 耳（1～5行）

❷ 编织贴花
（仅作品 13）

作品13贴花

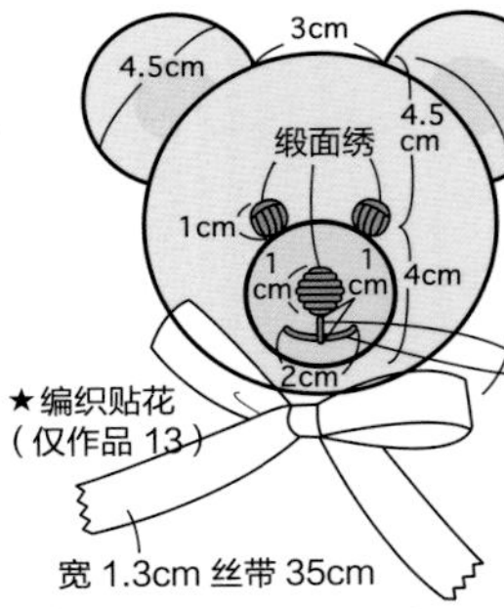

3cm
4.5cm
4.5cm
缎面绣
1cm
8cm
1cm
1cm
4cm
2cm
直线绣
★编织贴花
（仅作品 13）
宽 1.3cm 丝带 35cm

※绣花方法参照第 39 页

❶ 编织本体

作品13 用白色编织

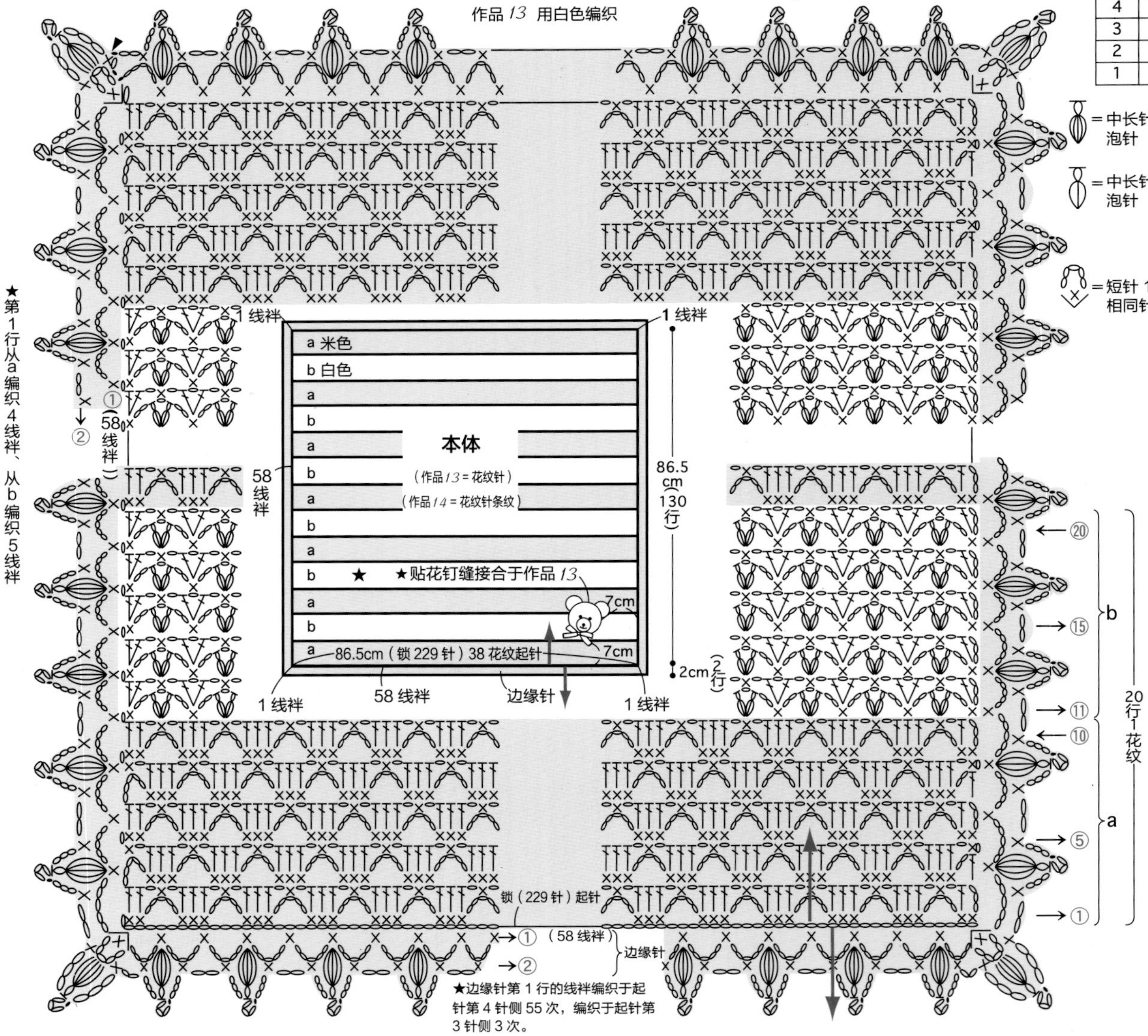

★第1行从a编织4线袢、从b编织5线袢
1 线袢
58 线袢
①
②
（58线袢）
a 米色
b 白色
a
b
a
本体
（作品13＝花纹针）
（作品14＝花纹针条纹）
b
a
b
a
b ★ ★贴花钉缝接合于作品13
a
b
a
7cm
7cm
86.5cm（锁 229 针）38 花纹起针
86.5cm 130行
2cm（2行）
1 线袢
58 线袢
边缘针
1 线袢
⑳
⑮
⑪
⑩
⑤
①
b
a
20行1花纹
锁（229针）起针
①（58线袢）
②
边缘针
★边缘针第 1 行的线袢编织于起针第 4 针侧 55 次，编织于起针第 3 针侧 3 次。

＝中长针 5 针的变形泡泡针

＝中长针 3 针的变形泡泡针

＝短针 1 针、锁 5 针、相同针圈侧短针 1 针

重点教程

 13   **14**

包毯

编织方法…P.40

* 图中通过单色的作品 13 进行解说。

 中长针的变形泡泡针

〈 变形泡泡针的 V 字针 〉

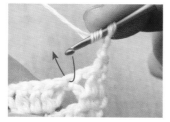

1 编织短针1针和锁2针，重复"挂线于针尖，入针于上一行短针，并引出线"。

2 重复3次步骤1的引号中的内容，挂线于针尖，只引拔6线袢。

3 再次挂线，这次引拔2线袢。

4 完成中长针3针的变形泡泡针。

5 接着编织锁1针，相同针圈侧按步骤1至3要领再次编织变形泡泡针。

6 中长针3针的变形泡泡针完成2针。接着，编织锁2针。

7 编织短针1针，完成1花纹。

8 下一行编织锁针、长针、短针。此花纹的泡泡针编织的行是反面，此处为正面。

 带辫子变形泡泡针

〈 中长针 5 针的带辫子变形泡泡针〉

1 边缘针第2行的带辫子泡泡针，编织中长针5针的变形泡泡针，再次编织锁3针。

2 入针于泡泡针的头部（线2根），如箭头所示引拔。

3 完成带辫子变形泡泡针。

4 图中为完成边缘针2花纹。

15

包毯

凸点质感设计的精美条纹，让宝宝感到温馨。
质地较厚、蓬松舒适，还可用作垫毯，
是经久耐用的简单设计。

编织方法 ＊第44 页
重点教程 ＊第45 页

15 包毯

实物图片 ＊ 第 *42*、*43* 页　重点教程＊第*45*页

✻ **材料**
　Merino Kids
　　201（白色）…320g
　　202（绿色）…290g

✻ **钩针**
　4/0 号

✻ **织片密度**
　10cm 见方：花纹针条纹　28.5 针 15 行

✻ **成品尺寸**
　89cm×89cm

✻ **编织方法**
❶ 编织本体
　锁针起针 239 针，参照记号图，每隔 6 行
　换线编织 126 行。
❷ 编织边缘针
　从本体的四边挑针，编织 3 行边缘针。

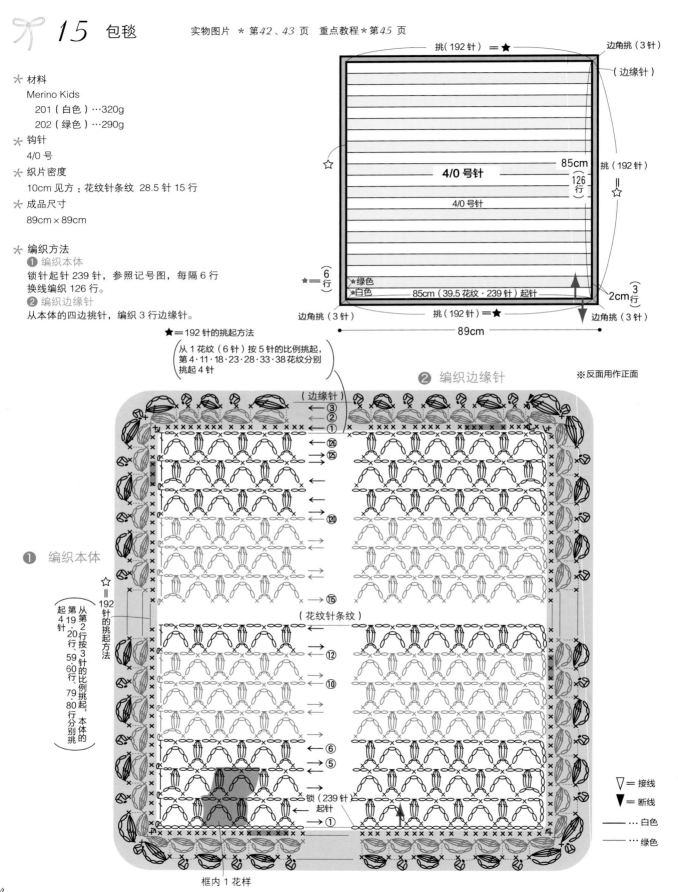

❶ 编织本体

❷ 编织边缘针

※反面用作正面

挑（192 针）＝★

边角挑（3 针）

（边缘针）

4/0 号针

4/0 号针

85cm

126 行

挑（192 针）＝

☆

★＝ 6 行

2cm 3 行

挑（192 针）

★绿色
★白色　85cm（39.5 花纹·239 针）起针

边角挑（3 针）　挑（192 针）＝★　边角挑（3 针）

89cm

★＝192 针的挑起方法
从 1 花纹（6 针）按 5 针的比例挑起，
第 4·11·18·23·28·33·38 花纹分别
挑起 4 针

☆＝192 针的挑起方法
从第 2 行按 3 针的比例挑起，
第 4、19、20 行，59、60 行，79、80 行分别挑起本体的
起 第 4 19 针

锁（239 针）
起针
① 起针

（花纹针条纹）

框内 1 花样

▽＝接线
▼＝断线
――…白色
――…绿色

重点教程

15 包毯

编织方法…P.44

 泡泡针的编织方法

〈 长针 4 针的泡泡针 〉

1　第1行重复编织短针及锁针。

2　第2行的泡泡针挂线于针尖，上一行挑起束紧引出，再次挂线引拔2线祥。

未完成的长针

3　未完成的长针（参照91页）挂于针，再编织3针未完成的长针。

4　未完成的长针完成4针，挂线于针尖一并引拔。

边缘针的编织方法

〈 长针 4 针的泡泡针 〉

5　长针4针的泡泡针完成。之后，重复锁针、短针、泡泡针。

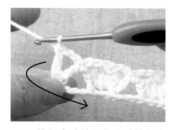

6　编织末端总是将左端转向内侧换手。

1　第1行用白色编织短针，第2行用绿色编织泡泡针。泡泡针同短针一样，编织4针未完成的长针（参照91页）。

2　如步骤1箭头所示一并引拔，泡泡针完成。接着，在3针前端的短针侧编织短针。

〈 锁 3 针的辫子针 〉

3　之后，重复步骤1及2的编织方法。

4　第3行再次用白色，重复辫子针和泡泡针。编织短针1针的后锁3针，制作辫子针。

5　入针于短针的头部及底部的2根，挂线于针尖一并引拔。

6　锁3针的辫子针完成。之后，重复辫子针及泡泡针。

18

19

婴儿帽和婴儿鞋

适合在特别的日子穿戴的帽子和鞋子。

而且，也是小宝贝出生的礼物。

使用了柔软、亲近肌肤的编织线，还有花形装饰和花边等细节设计。

编织方法＊作品16、18…第48 页　作品17、19…第50 页

重点教程＊作品16、18…第49 页　作品17、19…第51 页

＊ 作品16 的材料
Milky Baby
　3（粉色）…40g
＊ 作品18 的材料
Milky Baby
　9（象牙白）…40g
三角花边 43cm
碎花花边 59cm
＊ 作品27 的材料
Milky Baby
　9（象牙白）…24g
　8（米色）…16g
＊ 钩针 4/0 号
＊ 成品尺寸
头围 49cm、帽深 23cm

＊ 编织方法
❶ 编织本体
锁21针起针，参照记号图编织8行花纹针A。接着，编织 11 行花纹针 B。
❷ 编织边缘针
脖子周围编织 1 行边缘针，脸部周围编织 1 行边缘针 B。
❸ 编织绳带及绳带装饰（参照60页）
作品16和27各编织 2 片花形花样，作品 18 编织 2 片泡泡针。绳带穿入相应位置（绳带穿口），两端缝接绳带装饰。

❹ 缝接花边（仅作品18 · 参照 60 页）
如图所示，作品 18 的三角花边及碎花花边缝接于脸部周围。绳带装饰的泡泡针下方缩褶，卷针接合碎花花边。

❶ 编织本体
16、18

27 ※立起不同于作品 16、18

——…象牙白
——…米色

▽＝接线
▼＝断线
⌒＝过线

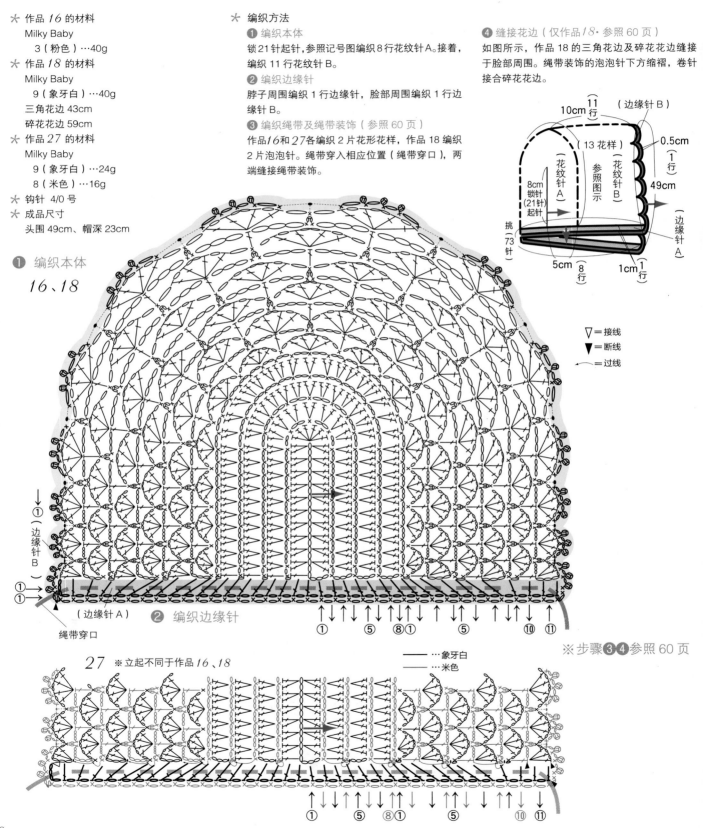

❷ 编织边缘针

绳带穿口

※步骤❸❹参照60页

重点教程

 *16* *18* *27*

婴儿帽

0~12个月　　编织方法…P.48

＊图中通过单色的作品16进行解说。

🪡 后头部的编织方法

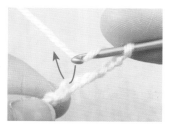

1　锁21针起针。第1行锁3针立起，钩针编织1针长针于第6针的锁针的里山。

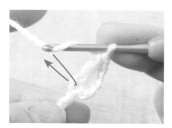

2　相应针圈侧，再次编织1针长针。

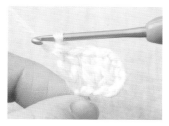

3　跳过1针起针的锁针，下个针圈侧编织长针2针（呈V字形）。

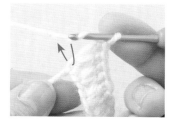

4　起针的锁针侧，隔1针分别编织2针长针。最后的1针侧，再编织8针（共计10针），完成弯边部分。

5　起针的对面，在锁针的2根横线侧分别编织2针长针。

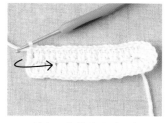

6　编织至起针的始端，拿起左端如箭头所示转向内侧，将织片换面。

7　第2行重复短针及锁针，将上一行长针之间挑起束紧（V字形的中心），编入短针。

8　参照记号图，弯边部分加针，编织成U字形织片。

🪡 边缘针（领窝侧）第1行的编织方法

1　第1行接侧面的末端，编织锁针及长针。

2　编织长针，编织端部如果是长针，如步骤1箭头所示挑起束紧。

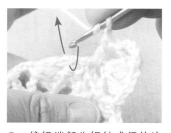

3　编织端部为短针或行的边缘时，入针于针圈中，编织长针。

4　编织端部为立起的锁针时，同样挑起束紧，编织长针。

17、19、29　婴儿鞋

0 ~ 12个月　　　实物图片 ＊第40、47、64 页　重点教程＊第51 页

* 作品 17 的材料
  Milky Baby
  　3（粉色）…30g
* 作品 19 的材料
  Milky Baby
  　9（象牙白）…30g
  碎花花边…46cm
* 作品 29 的材料
  Milky Baby
  　9（象牙白）…23g
  　8（米色）…9g
* 钩针
  4/0 号
* 成品尺寸
  长 9cm、深 8cm

＊ 编织方法
① 编织底和侧面
锁 14 针起针，参照记号图编织花纹针 A、B、C。
② 编织绳带及绳带装饰
作品 17、19、29，分别准备 2 根含装饰的绳带及 2 片装饰。绳带穿入侧面的绳带穿口，装饰缝接于绳带端部。
③ 缝接花边（仅作品 19）
作品 19 分别将碎花花边的两端翻边 1 个花纹，钉缝接合。将呈环状的碎花花边缝接于鞋口的第 5 行内侧。

③ 收尾处理

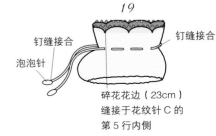

17、29
钉缝接合
花形花样

19
钉缝接合
钉缝接合
泡泡针
碎花花边（23cm）缝接于花纹针 C 的第 5 行内侧

② 编织绳带及绳带装饰

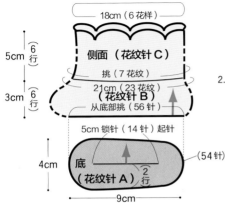

18cm（6 花样）
5cm（6 行）
3cm（6 行）
侧面（花纹针 C）
挑（7 花纹）
21cm（23 花纹）（花纹针 B）
从底部挑（56 针）
5cm锁针（14 针）起针
底（花纹针 A）2 行
4cm
9cm
（54 针）

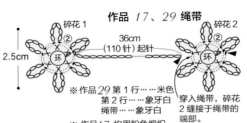

作品 17、29 绳带
碎花 1　碎花 2
环　②　②　环
2.5cm
36cm（110 针）起针
※作品 29 第 1 行……米色
第 2 行……象牙白
绳带……象牙白
※作品 17 均用粉色编织
穿入绳带，碎花 2 缝接于绳带的端部。

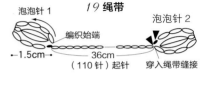

19 绳带
泡泡针 1　泡泡针 2
编织始端
1.5cm　36cm（110 针）起针
穿入绳带缝接

底·侧面
※ 作品 29 换线编织（参照表）

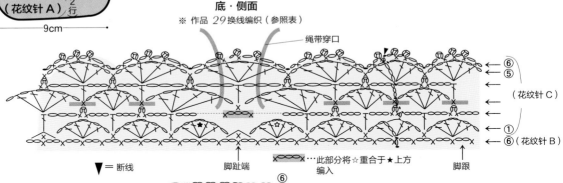

绳带穿口
⑥
⑤
（花纹针 C）
①
⑥（花纹针 B）

▼＝断线

脚趾端　脚跟

×……此部分将☆重合于★上方编入

① 编织底、侧面

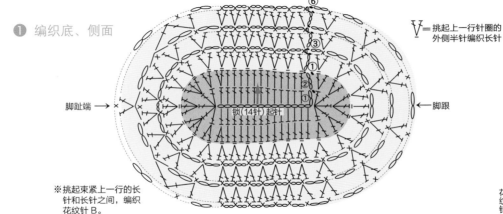

脚趾端　锁（14针）起针　脚跟

※挑起束紧上一行的长针和长针之间，编织花纹针 B。

V＝挑起上一行针圈的外侧半针编织长针

作品 29 的配色表
底、侧面

	行	色
花纹针 C	6行	米色
	5行	象牙白
	4行	米色
	3行	象牙白
	2行	米色
	1行	象牙白
花纹针 B	6行	米色
	5行	象牙白
	4行	米色
	3行	象牙白
	2行	米色
	1行	象牙白
花纹针 A	2行	象牙白
	1行	象牙白
	起针	象牙白

重点教程

 17   19   29

婴儿鞋

0～12个月　　编织方法…P.50

* 图中通过单色的作品 17 进行解说。

🎀 编织底和侧面

〈 长针的扭针 〉

1　底中心锁14针起针，中长针和长针整周编织在起针周围。

2　第2行在脚趾端和脚跟侧加针，第1行周围编织长针。

3　第2行的末端引拔至锁3针，下一个长针的外侧半针再引拔1针。

4　侧面的第1行锁3针立起，接着编织长针的扭针。

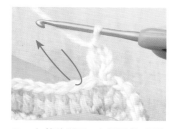

5　如箭头所示，入针于第2行的外侧半针，编织长针。

6　上一行1针侧分别编织2针，脚趾端部中心1针侧编织3针，脚跟中心编织1针成形。

7　第2行编织锁针和短针，长针之间（V字中心）挑起束紧，编织短针。

8　接侧面花纹针B，花纹针C整周编织脚踝。

🎀 编织绳带并穿入

1　编织含碎花花样的绳带（锁针110针），另编织1片碎花花样。

2　绳带前端的线头穿入手缝针，穿入绳带穿口（脚踝第3行）。

3　绳带左右均匀引出，另编织的碎花花样缝接于绳带前端。

4　另编织的花样用线头固定，末端潜入针圈。

20

22

21

23

24

25

婴儿帽、婴儿鞋和连指手套

0～12个月

就像孔雀开屏般绚丽花纹的精美婴儿帽。
还有成套编织的婴儿鞋，小巧却能温暖着宝贝的小脚丫。
不仅外形精致，还是实用的搭配。

编织方法＊作品20・23…第54页　作品21・24…第58页　作品22・25…第56页
重点教程＊作品20・23…第55页　作品22・25…第57页

2、20、23 婴儿帽

0～12个月　　实物图片＊第6、52、53页　重点教程＊第55页

★ 作品2的材料
　　Milky Baby
　　　11（奶黄色）…30g
　　　1（白色）…20g
★ 作品20的材料
　　Milky Baby
　　　11（奶黄色）…55g
★ 作品23的材料
　　Milky Baby
　　　10（薄荷绿）…50g
　　　1（白色）…8g
★ 钩针
　　4/0 号
★ 成品尺寸
　　参照图示

★ 编织方法
＊本体的编织方法3款相通。作品2为奶黄色和白色的双线配色条纹编织。
① 编织本体
锁针起17针，头后部编织8行花纹针A。接着，编织15行侧面的花纹针B，接第15行末端在头围侧编织1行边缘针。

② 编织绳带及绳带装饰
作品2…编织绳带及绳带装饰，穿入绳带穿口。
作品20…编织绳带、穿入穿口，绒球钉缝接合于绳带前端。
作品23…编织绳带、穿入穿口，花形花样钉缝接合于绳带前端。本体的两侧同样分别钉缝接合3片花形花样。

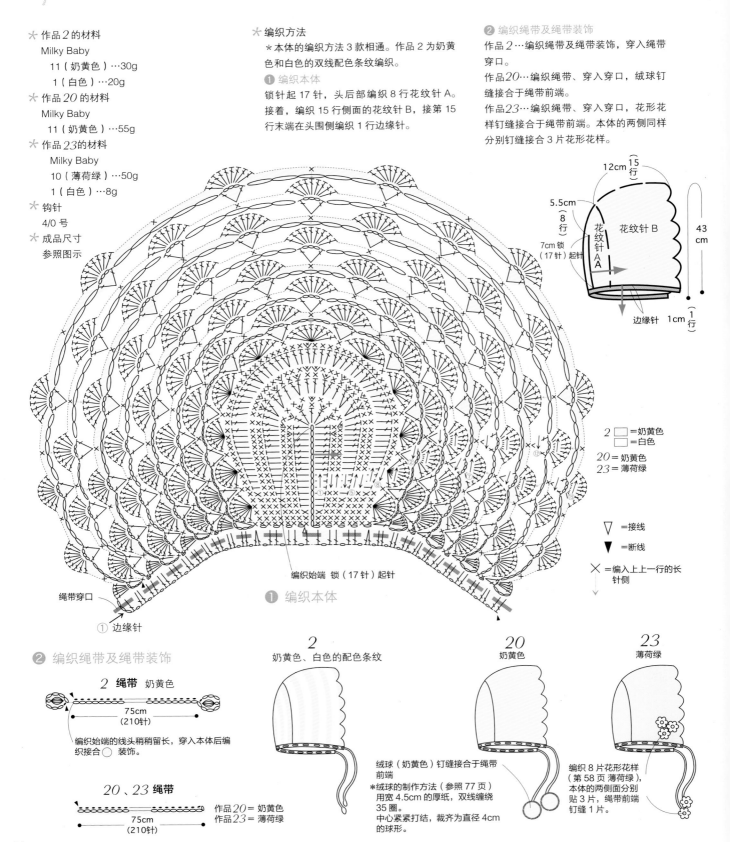

12cm（15行）
5.5cm（8行）
花纹针B
花纹针AA
7cm锁（17针）起针
43cm
边缘针　1cm（1行）

2 □=奶黄色
　□=白色
20=奶黄色
23=薄荷绿

▽=接线
▼=断线
×=编入上一行的长针侧

绳带穿口
① 边缘针

编织始端 锁（17针）起针

① 编织本体

② 编织绳带及绳带装饰

2 绳带 奶黄色
75cm（210针）
编织始端的线头稍稍留长，穿入本体后编织接合○装饰。

20、23 绳带
75cm（210针）
作品20=奶黄色
作品23=薄荷绿

2
奶黄色、白色的配色条纹

20
奶黄色
绒球（奶黄色）钉缝接合于绳带前端
＊绒球的制作方法（参照77页）
用宽4.5cm的厚纸，双线缠绕35圈。
中心紧紧打结，裁齐为直径4cm的球形。

23
薄荷绿
编织8片花形花样（第58页 薄荷绿），本体的两侧面分别贴3片，绳带前端钉缝1片。

重点教程

婴儿帽

0~12个月　　编织方法…P.54

* 图中通过单色的作品 23 进行解说。

头后部的编织方法

1　锁17针起针，第1行锁1针立起，锁针的里山侧编织短针。

2　逐针挑起锁针的里山，编织短针3针及中长针6针。

3　同样，继续编织长针8针。至始端的针圈，纵向拿持织片，编织弯边。

4　弯边在起针始端的锁针侧再编入长针6针。

5　起针的相反侧编入锁链状的2根。

6　始端为长针，接着编织中长针及短针，按高度顺次编织成形。

7　第1行完成。织片换面，第2行看着反面编织。

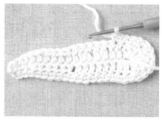

8　第2行为短针，中间每2针编入，编织出弯边。

侧面的花纹针 B 的短针

×
┊ 〈 编织于上上一行的短针 〉

9　参照记号图，按短针、中长针及长针制作成形。图片为第8行完成状态（反面）。

1　第3行之后的奇数行为松针及短针，短针入针于上上一行的长针头部。

2　引出线，编织包住上一行线袢，完成短针。

3　短针完成。

55

✳ 作品 3 的材料
　Milky Baby
　　11（奶黄色）…25g
　　1（白色）…10g
　　直径 1.3cm 的纽扣 2 个
✳ 作品 22 的材料
　Milky Baby
　　11（奶黄色）…40g
　　直径 1cm 按扣 2 组
✳ 作品 25 的材料
　Milky Baby
　　10（薄荷绿）…35g
　　1（白色）…2g
　　直径 1cm 按扣 2 组

✳ 钩针
　4/0 号
✳ 成品尺寸
　参照图示

✳ 编织方法
★本体的编织方法 3 款相通。作品 3 为奶黄色和白色的双线配色条纹，扣眼左右对称编织。
① 编织底部
锁针 14 针起针，加针编织 3 行。
② 编织后侧及侧面
第 1 行接线于底部的脚跟，挑针编织长针的扭针。第 2 ~ 9 行按图编织，但作品 3 在第 7 行编织扣眼。后侧·侧面的周围编织 1 行边缘针。
③ 编织前侧及脚趾端
锁针 12 针起针，加针及减针编织 14 行。
④ 拼接
对齐底部、前侧及脚趾端的 ★ 记号，卷针缭缝。
⑤ 收尾处理
作品 3 缝接纽扣，作品 22 及 25 缝接按扣，并参照图示收尾。

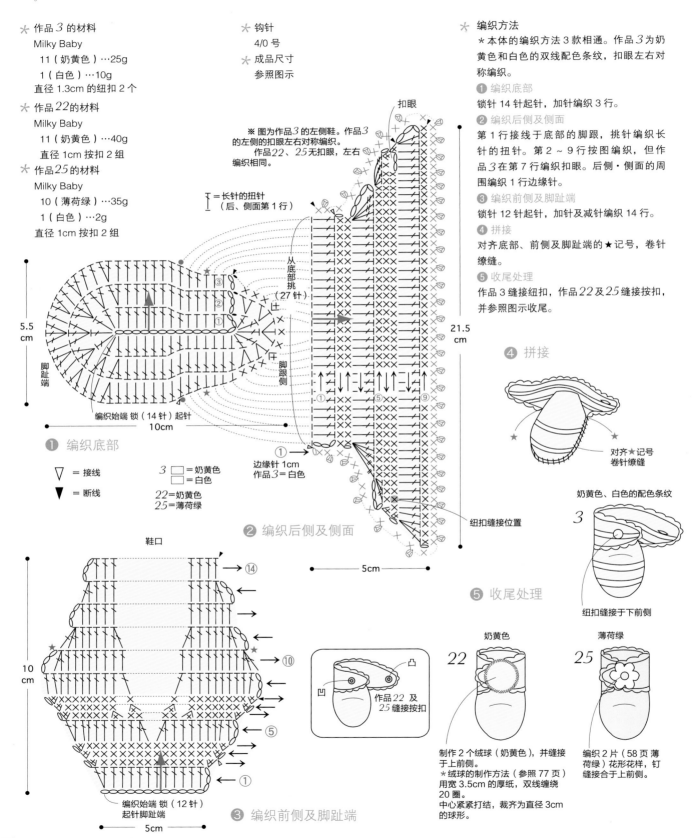

※ 图为作品 3 的左侧鞋。作品 3 的左侧的扣眼左右对称编织。作品 22、25 无扣眼，左右编织相同。

扣眼

= 长针的扭针
（后、侧面第 1 行）

从底部挑针
（27 针）

脚跟侧

5.5 cm

脚趾端

编织始端 锁（14 针）起针
10cm

① 编织底部

∨ = 接线
▼ = 断线

3 □=奶黄色
　□=白色
22=奶黄色
25=薄荷绿

边缘针 1cm
作品 3=白色

② 编织后侧及侧面

21.5 cm

5cm

纽扣缝接位置

④ 拼接

对齐★记号
卷针缭缝

奶黄色、白色的配色条纹

3

纽扣缝接于下前侧

⑤ 收尾处理

凹　凸
作品 22 及 25 缝接按扣

22 奶黄色
制作 2 个绒球（奶黄色），并缝接于上前侧。
★绒球的制作方法（参照 77 页）
用宽 3.5cm 的厚纸，双线缠绕 20 圈。
中心紧紧打结，裁齐为直径 3cm 的球形。

25 薄荷绿
编织 2 片（58 页 薄荷绿）花形花样，钉缝接合于上前侧。

鞋口

→ ⑭
→ ⑩
→ ⑤
→ ①

10 cm

编织始端 锁（12 针）起针脚趾端
5cm

③ 编织前侧及脚趾端

重点教程

婴儿鞋

0～12个月　　编织方法… P.56

＊ 钉缝线使用不同颜色，便于理解。

编织方法步骤

〈 底 〉

脚趾端侧

1　底部中心锁针起针编织成椭圆形，脚趾端中心、后侧、侧面编织缝接位置（图中●记号）加线记号。

〈 后侧、侧面 〉

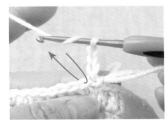

2　接线于底部的线记号位置，编织后侧及侧面。第1行锁3针立起，底部的最终行半针编织长针。

3　长针挑起底部最终行外侧半针，按扭针要领编织。

4　从第4行开始在两端加针，制作成三角形。

5　从第1行的编织始端位置开始，通过短针及带辫子短针调整边缘。

6　后侧及侧面已缝接于底部。

〈 前侧、脚趾端 〉

脚趾端侧（编织始端侧）

鞋口

7　前侧及脚趾端呈向外膨胀的不规则菱形，并接线于脚趾端及底部钉缝接合位置（图中★记号）。

8　前侧及脚趾端部同底部的织片反面向内对合，线记号对齐后侧及侧面的内侧3针位置（图中★记号）打珠针。

9　线穿入手缝针，始端2次卷针缭缝，之后细密卷针缭缝。

10　脚趾端中心准确对齐线记号，卷针缭缝。

11　钉缝末端同样穿针2次，并处理线头。

12　花形花样及按扣缝接于后侧及侧面。

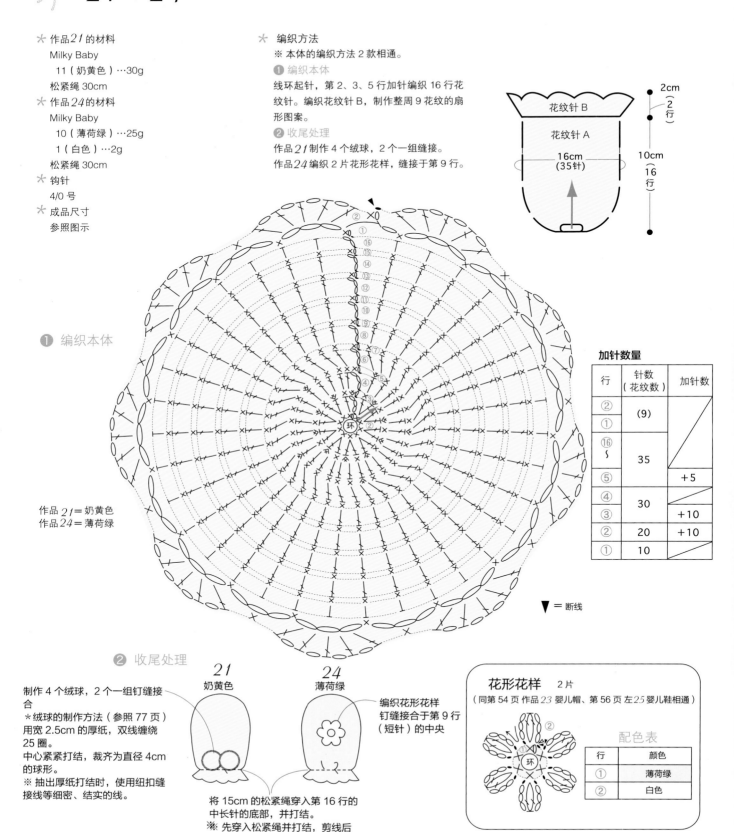

✳ 作品21的材料
Milky Baby
　11（奶黄色）…30g
松紧绳 30cm
✳ 作品24的材料
Milky Baby
　10（薄荷绿）…25g
　1（白色）…2g
松紧绳 30cm
✳ 钩针
4/0 号
✳ 成品尺寸
参照图示

✳ 编织方法
※ 本体的编织方法2款相通。
❶ 编织本体
线环起针，第2、3、5行加针编织16行花纹针。编织花纹针 B，制作整周9花纹的扇形图案。
❷ 收尾处理
作品21制作4个绒球，2个一组缝接。
作品24编织2片花形花样，缝接于第9行。

花纹针 B

花纹针 A

16cm
(35针)

2cm
(2行)

10cm
(16行)

❶ 编织本体

作品21= 奶黄色
作品24= 薄荷绿

环

×0

▼ = 断线

加针数量

行	针数（花纹数）	加针数
②	(9)	
①		
⑯ ~	35	
⑤		+5
④	30	
③		+10
②	20	+10
①	10	

❷ 收尾处理

制作4个绒球，2个一组钉缝接合
＊绒球的制作方法（参照77页）
用宽 2.5cm 的厚纸，双线缠绕25 圈。
中心紧紧打结，裁齐为直径 4cm 的球形。
※ 抽出厚纸打结时，使用纽扣缝接线等细密、结实的线。

21
奶黄色

24
薄荷绿

编织花形花样
钉缝接合于第9行
（短针）的中央

将 15cm 的松紧绳穿入第 16 行的中长针的底部，并打结。
※ 先穿入松紧绳并打结，剪线后不易松脱。

花形花样　2片
（同第 54 页 作品23 婴儿帽、第 56 页 左 25 婴儿鞋相通）

环

配色表

行	颜色
①	薄荷绿
②	白色

26

21

 披肩

小宝贝穿上一定很可爱，是经典款式的设计。
精致的菠萝图案更显高级质感，如果搭配 26 页的婴儿礼服或图中 52 页作品 21 连指手套等，让你
的小宝贝变身成小公主。

编织方法＊第 60 页
重点教程＊第 62 页

26 披肩

0 ~ 12个月　实物图片 ＊ 第59 页
　　　　　　重点教程 ＊ 第62 页

＊ 材料
　Milky Baby
　　11（奶黄色）…110g
＊ 钩针
　4/0 号
＊ 成品尺寸
　参照图示

＊ 编织方法
　① 编织本体
　锁针起针 141 针，花纹针编织 22 行成
　一整片。接着的 部分按 1 ~ 10 的顺
　序各编织 6 行，完成菠萝图案花样。
　② 编织网格针及边缘针
　从起针开始挑针，领窝侧编织 2 行网格
　针。接着，本体周围编织 1 行边缘针。
　③ 编织绳带
　编织 230 针锁针，编织完成绳带装饰之
　后，引拔针返回至编织始端。此状态下
　穿入领窝的绳带穿口，穿入完成后，绳
　带装饰编织接合于编织末端一侧。

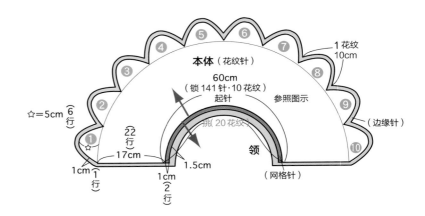

③ 编织绳带

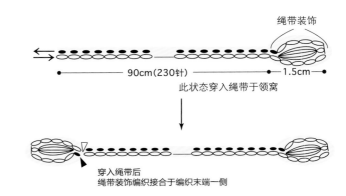

P.48 *16、18、27* 婴儿帽后续

④ 编织绳带及绳带装饰

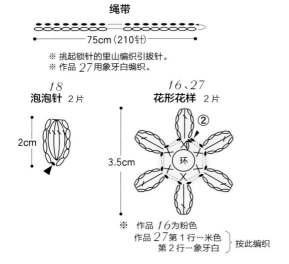

④ 缝接花边（仅作品 *18* ）

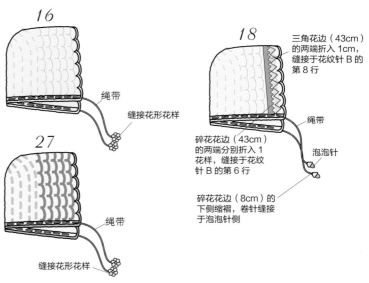

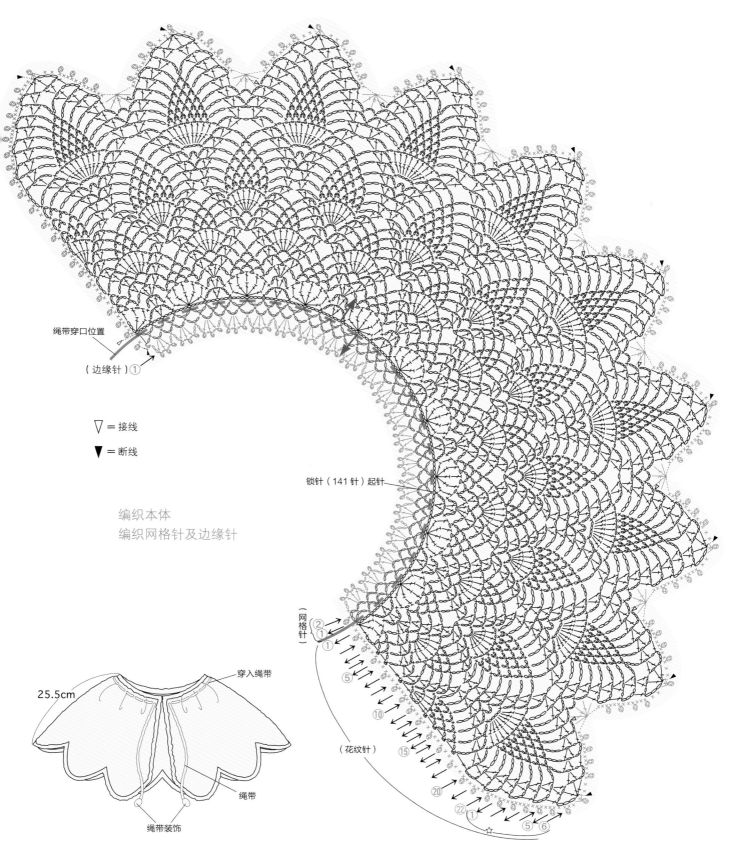

绳带穿口位置

（边缘针）①

▽ ＝ 接线

▼ ＝ 断线

编织本体
编织网格针及边缘针

锁针（141针）起针

（网格针）②①

（花纹针）

⑤

⑩

⑮

⑳

㉒①　　　　⑤⑥

穿入绳带

25.5cm

绳带

绳带装饰

重点教程

披肩

0～12个月 　编织方法…P.60

菠萝花样的编织方法

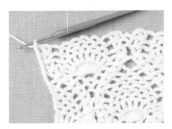

1 从领窝至第22行编织成一整片，下一行开始各编织1个菠萝花样。

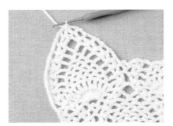

2 接着，编织完成有线头的左端1片。

3 花样前端的线头裁剪至15cm左右，穿入至于末端的针圈。

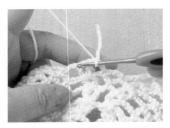

4 第2行看向织片的反面，入针于接线位置，并引出新线。

5 再次挂线引拔，编织立起的锁针。

6 看着记号图，编织锁针、长针、短针。

7 第1～6行逐行换面，制作菠萝花样。

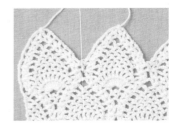

8 完成10片花样。图中为2片菠萝花样的完成状态。

边缘针的凹陷部分的变形5针并1针

〈 变形5针并1针 〉

1 挂线于针尖，花样的线袢挑起束紧，编织未完成的中长针（参照第91页）。

2 下一个线袢侧编织未完成的长针（参照第91页），接着的线袢侧编织未完成的长长针（参照第91页）。

3 下一个线袢侧编织未完成的长针，接着的线袢侧编织未完成的中长针，钩针侧完成未完成的5针。

4 挂线于针尖，如步骤3所示一并引拔。变形5针并1针完成。

重点教程

 *28*  *30*

披肩

| 0～12个月 | 编织方法…*P.66* |

* 图中按照使用双色的作品 28 进行解说。

配色线的替换方法

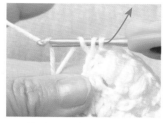

1　第4行最后针圈侧，将底线从内侧向外侧（反面）休针于钩针的尾部，配色线挂于针尖。

2　引拔配色线，并换线。休针的底线和配色线的线头垂向外侧。

3　编织第5行立起的锁2针，再次编织锁2针，上一行挑起束紧编织1针短针。

4　线头垂向织片端部，编织锁针及短针的网格针。

5　第5行末端的锁针编织中长针，从针圈松开钩针休止。

6　休针的线袢放大，使针圈不被松开。

7　第6行编织立起的锁1针，将第4针休针的线从上一行立起的锁2针引出。

8　参照记号图编织花纹针。最后，松开上一行末端侧休针的线袢，并送入钩针。

9　休针的配色线从外侧重新挂于内侧（反面），底线挂于针尖引出。

10　再次挂线于针尖，如箭头所示引拔，编织最后的短针。

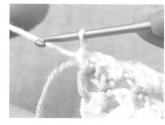

11　第6行末端。底线及配色线休针至最后不断线，过线于端部继续编织。

12　第8行末端从第5行引上配色线，底线在底部重新挂线引至反面，引拔后换线。

27

28

29

🎀 婴儿帽、披肩和婴儿鞋

0～12 个月

贝壳印象花纹的浪漫设计。
宽松编织的披肩，让宝宝的手脚自由活动。
同 46 页作品 *16* 及作品 *17* 的婴儿帽和婴儿鞋搭配穿着，更显可爱。

编织方法＊作品 *27* ⋯第 *48* 页　作品 *28* ⋯第 *66* 页　作品 *29* ⋯第 *50* 页
重点教程＊作品 *27* ⋯第 *49* 页　作品 *28* ⋯第 *63* 页　作品 *29* ⋯第 *51* 页

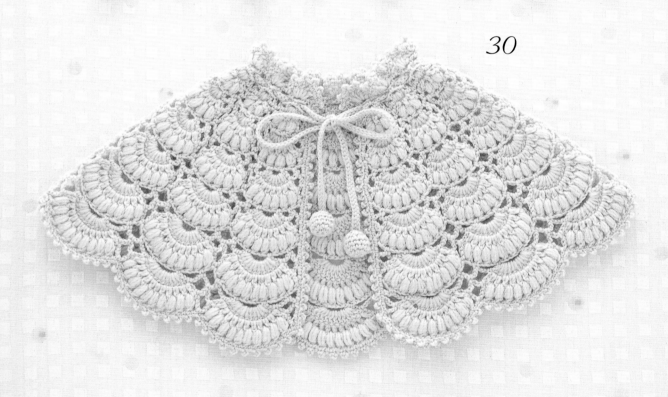

30

披肩

薄荷绿的清爽披肩。
整面贝壳花纹，华丽且精致。
绳带前端是漂亮的线球。

编织方法 ＊ 第66 页
重点教程 ＊ 第63 页

0 ～ 12 个月

28、30

0～12个月　实物图片　＊作品64、65 页
重点教程　＊作品63 页

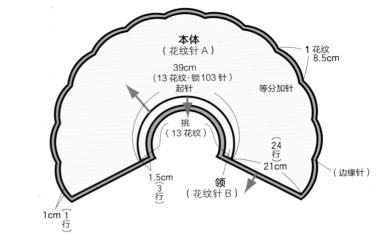

本体
（花纹针 A）
39cm
（13 花纹·锁103 针）
起针
挑
（13 花纹）
1.5cm
（3 行）
领
（花纹针 B）
1 花纹
8.5cm
等分加针
24 行
21cm
（边缘针）
1cm（1 行）

★ 作品28的材料
　　Milky Baby
　　　9（象牙白）…115g
　　　8（米色）…25g
★ 作品30 的材料
　　Milky Baby
　　　10（薄荷绿）…130g
★ 钩针
　　4/0 号
★ 织片密度
　　10cm 见方：花纹针 24 针 10.5 行
★ 成品尺寸
　　参照图示

★ 编织方法
　＊作品28、30 的编织方法相通，但是配色条纹的关系，所以仅本体的编织方向有所不同。
　❶ 编织本体
　　锁针起针 103 针，如图所示分散加针编织 24 行花纹针 A。
　❷ 编织领子
　　从起针挑针，编织 3 行花纹针 B。
　❸ 编织边缘针
　　领窝、前端、下摆侧整周编织 1 行边缘针。
　❹ 编织绳带
　　作品 28 用象牙白编织，作品 30 用薄荷绿编织。
　❺ 编织绳带装饰
　　作品28 的花形花样及作品30 的线球，如图所示各编织 2 片（2 个）。绳带穿入领子，绳带装饰缝接于绳带前端。

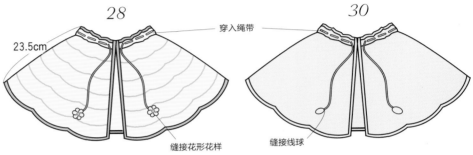

28　23.5cm　　穿入绳带　　30
缝接花形花样　　缝接线球

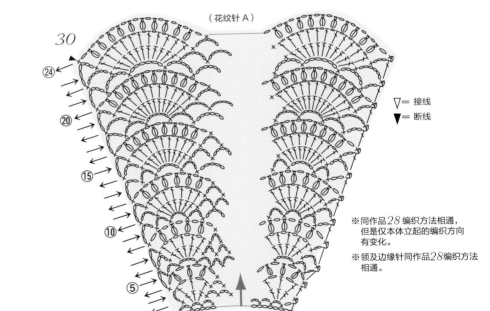

30
（花纹针 A）
24
20
15
10
5
1

▽＝接线
▼＝断线

※同作品28 编织方法相通，但是仅本体立起的编织方向有变化。
※领及边缘针同作品28 编织方法相通。

❹ 编织绳带　　❺ 编织绳带装饰

作品 28、30 绳带

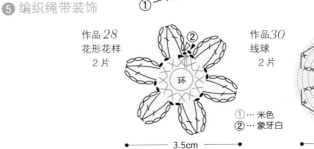

90cm（230针）

※ 挑起锁针的里山，编织引拔针。
※ 作品28 的绳带用象牙白编织。

作品28
花形花样
2 片
3.5cm

作品30
线球
2 片
2cm

①…米色
②…象牙白

※ 第 5 行完成，同线送入内侧，编织剩余的 1 行。
※ 穿线于最终行，收束整齐。

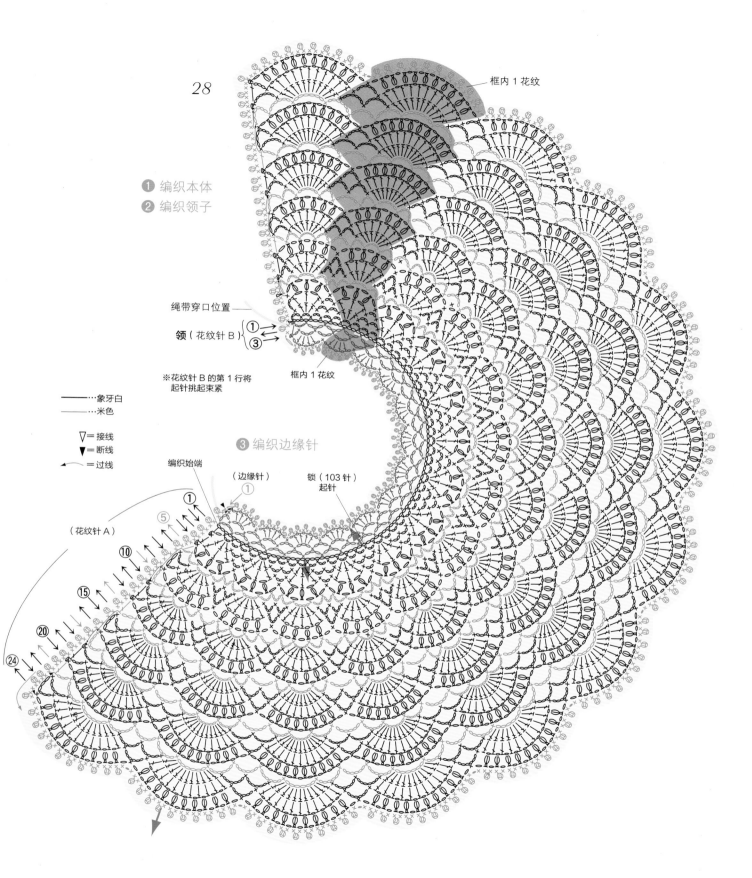

28

1 编织本体
2 编织领子

绳带穿口位置 ——

领（花纹针 B）{ ①
③

※花纹针 B 的第 1 行将
起针挑起束紧

框内 1 花纹

框内 1 花纹

——…象牙白
——…米色

▽=接线
▼=断线
←=过线

3 编织边缘针

编织始端

（边缘针）①

锁（103 针）
起针

（花纹针 A）

① ⑤ ⑩ ⑮ ⑳ ㉔

31

 短上衣

12 ~ 24 个月

最适合调节体温的短上衣，看似心形的花纹针也很帅气。
还有，白色和绿色搭配出高品质感。
再搭配绿色编织的猴裤，就是外出套装。

编织方法 * 第 72 页
重点教程 * 第 76 页

猴裤和短裤

长度不同的裤子，
同样使用精美的泡泡针编织。
而且，适合搭配任何套装，
极受欢迎的款式。

编织方法＊作品32、33…第74页

12～24个月

32

33

35

34

🎀 短裤和猴裤

方便跟跄学步的宝宝行走运动的短裤设计。
同 69 页作品只是色彩差异，
小屁股翘翘地走路真是可爱。

编织方法 * 作品 34、35 … 第 74 页

马甲

这款马甲其实就是 68 页短上衣的无袖设计。
使用 70 页短裤的相同配线，搭配成套。
如果替换成黄色及粉色，就是可爱的女宝宝套装。

编织方法＊第72页
重点教程＊第76页

36

木のロバ 木 草（参考商品）/ ポ ネルンド 本店

31、36　短上衣和马甲

12~24个月　实物图片 ＊ 第68、71 页
　　　　　　　　重点教程 ＊ 第76 页

✻ 作品31的材料
　Merino Kids
　　201（白色）…140g
　　202（绿色）…70g
　　直径2cm纽扣1个
✻ 作品36的材料
　Merino Kids
　　206（浅蓝色）…90g
　　207（蓝色）…40g
　　直径2cm纽扣1个
✻ 钩针
　4/0 号
✻ 织片密度
　10cm见方：花纹针25针13.5行
✻ 成品尺寸
　衣长28cm、衣宽33.5cm
　背肩宽 作品31＝25cm 作品36＝27cm
　袖长 作品31＝23cm

✻ 编织方法
❶ 编织前后衣片
锁针163针起针，接前后衣片编织19行花纹针（参照76页）。侧边上方连着各衣片编织。
❷ 编织袖子（仅作品31）
锁针起针44针，花纹针编织31行。锁针钉缝袖下，编织袖口的边缘针。
❸ 拼接肩部
反面向内对合前后肩部，卷针接合（参照11页）。
❹ 编织边缘针
下摆、前开襟、领窝、袖隆（仅作品36）侧往返针整周编织3行边缘针。
❺ 缝接袖子（仅作品31）
袖子对齐衣片，卷针缲缝。
❻ 收尾处理
制作扣眼（参照第76页），缝接纽扣。

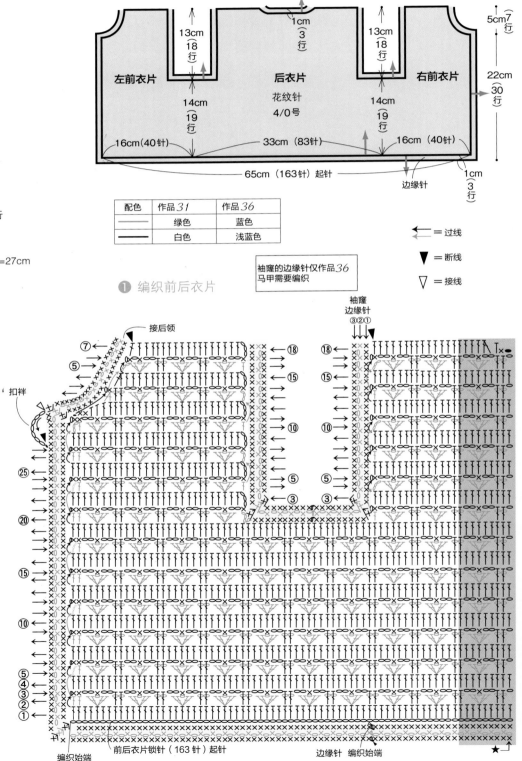

配色	作品31	作品36
	绿色	蓝色
	白色	浅蓝色

袖隆的边缘针仅作品36马甲需要编织

❶ 编织前后衣片

= 过线
▼ = 断线
▽ = 接线

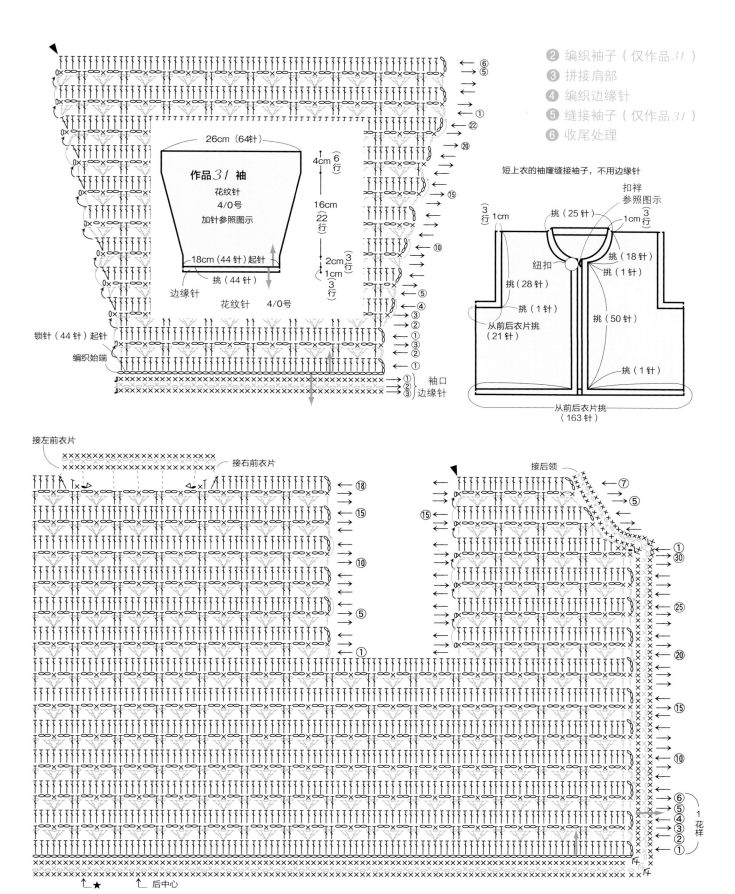

② 编织袖子（仅作品31）
③ 拼接肩部
④ 编织边缘针
⑤ 缝接袖子（仅作品31）
⑥ 收尾处理

短上衣的袖隆缝接袖子，不用边缘针

作品31 袖
花纹针
4/0号
加针参照图示

26cm（64针）
18cm（44针）起针
挑（44针）
边缘针
花纹针　4/0号
4cm 6行
16cm 22行
2cm 3行
1cm 3行

锁针（44针）起针
编织始端
袖口
① ② ③ 边缘针

③行1cm
挑（25针）
扣祥 参照图示
挑（18针）
挑（1针）
纽扣
挑（28针）
挑（1针）
从前后衣片挑（21针）
③行1cm
挑（50针）
挑（1针）
从前后衣片挑（163针）

接左前衣片
接右前衣片

接后领

★
后中心

1 花样

32、33、34、35　猴裤和短裤

12～24个月　实物图片　第69、70页

← = 过线
▼ = 断线
▽ = 接线

作品32的材料
Merino Kids
202（绿色）…190g

作品33的材料
Merino Kids
201（白色）…150g

作品34的材料
Merino Kids
207（蓝色）…150g

作品35的材料
Merino Kids
206（浅蓝色）…190g

作品32、33、34、35的通用材料
宽2cm 松紧带560cm

钩针
4/0号

织片密度
10cm见方：花纹针 22针 11行

成品尺寸
裤长
作品32、35=47.5cm
作品33、34=36.5cm
腰围47cm、臀围70cm

❶ 编织右裤腿

❷ 下摆侧编织边缘针
❸ 锁针钉缝左右裤腿
❹ 编织腰围口

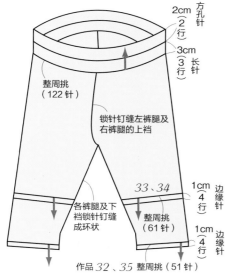

2cm（2行）方孔针
3cm（3行）长针
整周挑（122针）
锁针钉缝左裤腿及右裤腿的上裆
33、34 1cm（4行）边缘针
各裤腿及下裆锁针钉缝成环状
整周挑（61针）
1cm（4行）边缘针
作品32、35 整周挑（51针）

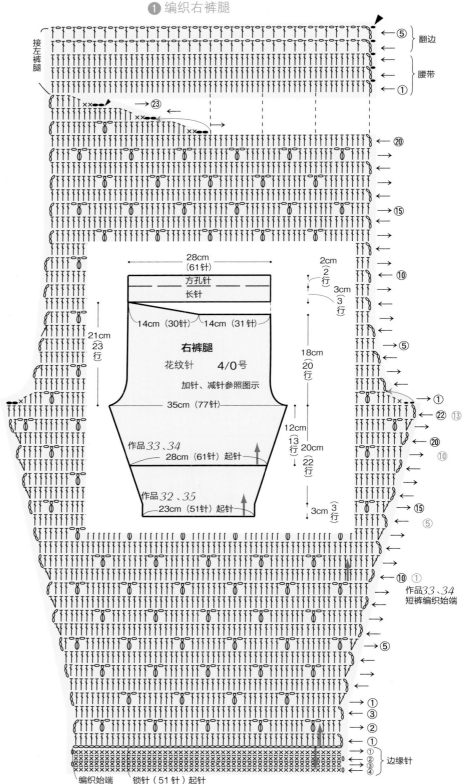

翻边
腰带
接左裤腿

28cm（61针）
方孔针
长针
14cm（30针）　14cm（31针）
右裤腿
花纹针　4/0号
加针、减针参照图示
35cm（77针）
21cm 23行
作品33、34
28cm（61针）起针
作品32、35
23cm（51针）起针
18cm 20行
2cm（2行）
3cm（3行）
12cm 13行
20cm 22行
3cm（3行）

作品33、34短裤编织始端
作品33、34短裤编织始端
编织始端　锁针（51针）起针
边缘针

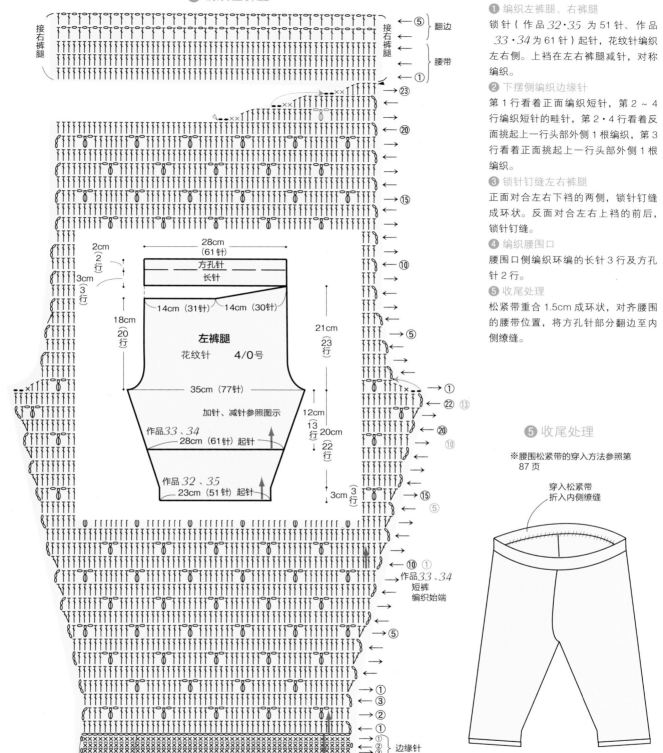

❶ 编织左裤腿

接右裤腿

接右裤腿

←⑤ 翻边

←①
腰带

→㉓

→⑳

←⑮

→⑩

→⑤

→①
→㉒ ⑬

→⑳ ⑩

←⑮ ⑤

2cm
(2行)

3cm
(3行)

28cm（61针）

方孔针

长针

14cm（31针） 14cm（30针）

18cm
(20行)

21cm
(23行)

左裤腿

花纹针　4/0号

35cm（77针）

加针、减针参照图示

作品33、34
28cm（61针）起针

作品32、35
23cm（51针）起针

12cm
(13行)

20cm
(22行)

3cm
(3行)

→⑩ ①

作品33、34
短裤
编织始端

→⑤

→①
←③
→②
←①

边缘针

①
②
③
④

编织始端

锁针（51针）起针

作品*33、34* 的编织始端

编织始端 锁针（61针）起针

→
→
→①

★ **编织方法**

❶ 编织左裤腿、右裤腿

锁针（作品*32·35*为51针、作品*33·34*为61针）起针，花纹针编织左右侧。上裆在左右裤腿减针，对称编织。

❷ 下摆侧编织边缘针

第1行看着正面编织短针，第2～4行编织短针的畦针，第2·4行看着反面挑起上一行头部外侧1根编织，第3行看着正面挑起上一行头部外侧1根编织。

❸ 锁针钉缝左右裤腿

正面对合左右下裆的两侧，锁针钉缝成环状。反面对合左右上裆的前后，锁针钉缝。

❹ 编织腰围口

腰围口侧编织环编的长针3行及方孔针2行。

❺ 收尾处理

松紧带重合1.5cm成环状，对齐腰围的腰带位置，将方孔针部分翻边至内侧缭缝。

❺ 收尾处理

※腰围松紧带的穿入方法参照第87页

穿入松紧带
折入内侧缭缝

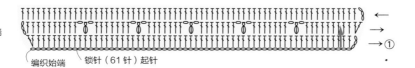

重点教程

31　　　36

短上衣和马甲

12~24个月　　编织方法…P.72

* 图中按照作品31进行解说。

🎗 花纹针的编织方法

1 起针和第1行为底线，第1行编织长针，末端将针圈的线袢放大休针。

2 第2行接线于第1行立起的锁针，编织立起的锁针。

3 长针及锁针编织至最后1针内侧。

4 编织最后的针圈时换线。第1行的休针针圈侧编织未完成的长针（参照91页），底线挂于针尖引拔。

5 第3行看着反面，用底线编织。

6 长针2针完成，入针于第1行长针的头部，编织包住第2行的锁针。

7 第4行接第3行，看着正面编织。

8 图片为第6行编织状态。总是过线于有线头的一段，不断线连续编织。

🎗 扣袢的制作方法

1 边缘针编织扣袢，最后缝接。之后，接线于领窝边角。

2 编织锁7针，引拔至箭头位置。

3 引拔完成、针圈放大，穿入裁剪为10cm的线头。

4 线头潜入边缘针反面的针圈。

重点教程

 37　 38

带帽披肩

| 作品 37 | 12～24个月 | 作品 38 | 0～12个月 | 编织方法…P.80 |

＊ 图中花纹针的编织方法按照双色的作品 38 进行解说。

花纹针的编针方法（作品 38）

1　第1行用底线编织长针。第2行用配色线编织短针及辫子。

2　辫子为锁5针的引拔辫子针，始端从第3针开始连续5针编织接合。

3　第3行引上第1行末端休针的底线，看着反面编织长针及锁针。

4　长针在上一行1针侧编织1针或2针，上一行辫子侧编织锁针。接着，第4行用底线编织长针。

5　第5行始端引上第2行末端休针的配色线，看着正面从端部针圈引线。

6　第5行重复短针1针和锁1针。

7　第6行引上第4行末端休针的底线，看着反面从端部针圈引线。第6行编织长针。

8　两种颜色均不断线休针，用于在编织行引上。

绒球的制作方法（作品 37）

1　准备宽5cm的瓦楞纸，双线缠绕36圈。

2　将瓦楞纸抽出，线团中心绕线2次系紧。

3　将线团两端剪开。

4　绒球裁剪整齐，调整形状。

37

12 ~ 24 个月

38

0 ~ 12 个月

带帽披肩

将小脑袋包裹整齐，抵御寒冷的天气。
作品 37 的段染线和作品 38 的双色线，还有突出的可爱环饰。
线的粗细可调，适合变换各种尺寸。

编织方法＊作品 37、38 …第 80 页
重点教程＊作品 37、38 …第 77 页

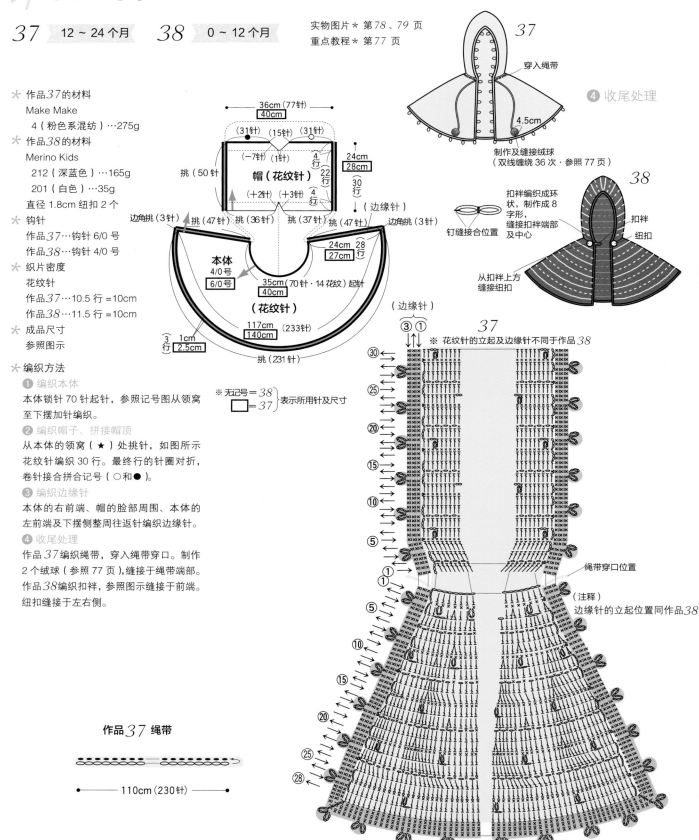

37、38   带帽披肩

37   12～24个月   38   0～12个月

实物图片＊第78、79页
重点教程＊第77页

4 收尾处理

37

穿入绳带

4.5cm

制作及缝接绒球
（双线缠绕 36 次・参照 77 页）

38

扣袢编织成环
状，制作成 8
字形，
缝接扣袢端部
及中心

钉缝接合位置

扣袢

纽扣

从扣袢上方
缝接纽扣

＊作品37的材料
Make Make
4（粉色系混纺）…275g

＊作品38的材料
Merino Kids
212（深蓝色）…165g
201（白色）…35g
直径 1.8cm 纽扣 2 个

＊钩针
作品37…钩针 6/0 号
作品38…钩针 4/0 号

＊织片密度
花纹针
作品37…10.5 行 =10cm
作品38…11.5 行 =10cm

＊成品尺寸
参照图示

＊编织方法
① 编织本体
本体锁针 70 针起针，参照记号图从领窝
至下摆加针编织。

② 编织帽子、拼接帽顶
从本体的领窝（★）处挑针，如图所示
花纹针编织 30 行。最终行的针圈对折，
卷针接合拼合记号（○和●）。

③ 编织边缘针
本体的右前端、帽的脸部周围、本体的
左前端及下摆侧整周往返编织边缘针。

④ 收尾处理
作品37 编织绳带，穿入绳带穿口。制作
2 个绒球（参照 77 页），缝接于绳带端部。
作品38 编织扣袢，参照图示缝接于前端。
纽扣缝接于左右侧。

36cm（77针）
40cm

（31针）（15针）（31针）
（一7针）（1针）
帽（花纹针）
（+2针）（+3针）
挑（50针）
4 行
4 行
22 行
24cm
28cm
30 行
（边缘针）

边角挑（3针） 挑（47针）挑（36针） 挑（37针）挑（47针） 边角挑（3针）

本体
4/0号
6/0号
35cm（70针・14 花纹）起针
40cm
（花纹针）
24cm 28
27cm 行

117cm（233针）
140cm
3 行   1cm
2.5cm
挑（231针）

（边缘针）

※ 无记号＝38
□ ＝37   表示所用针及尺寸

作品37 绳带

● —— 110cm（230针） ——

37
※ 花纹针的立起及边缘针不同于作品38

③ ①

绳带穿口位置

（注释）
边缘针的立起位置同作品38

30
25
20
15
10
5
①
①
5
10
15
20
25
28

80

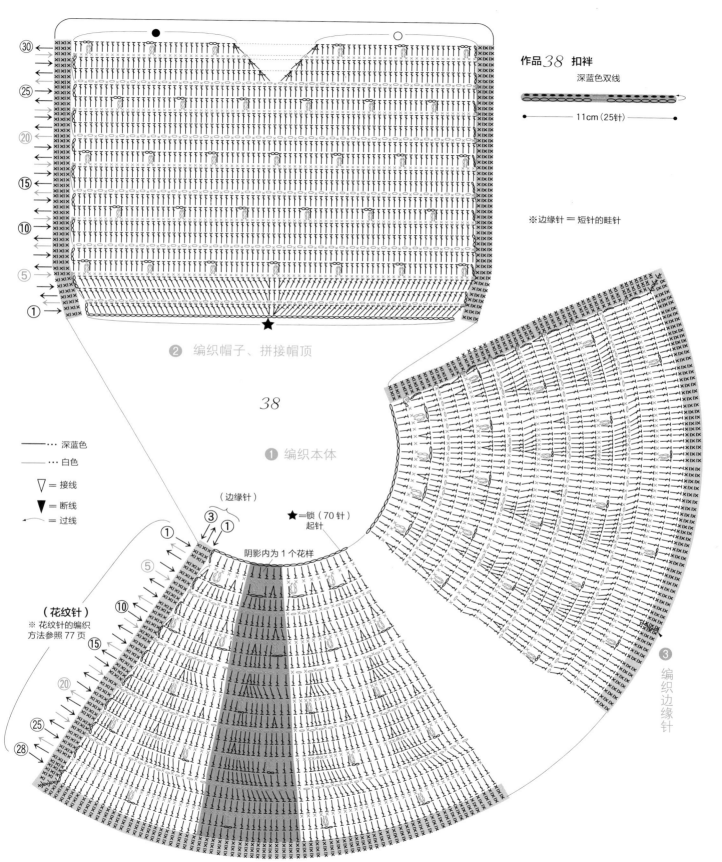

作品38 扣祥

深蓝色双线

← 11cm（25针）→

※边缘针 = 短针的畦针

② 编织帽子、拼接帽顶

38

① 编织本体

⋯ 深蓝色
⋯ 白色

▽ = 接线
▼ = 断线
⤹ = 过线

（边缘针）

③ ① ①

★=锁（70针）
起针

阴影内为1个花样

（花纹针）
※花纹针的编织
方法参照77页

③ 编织边缘针

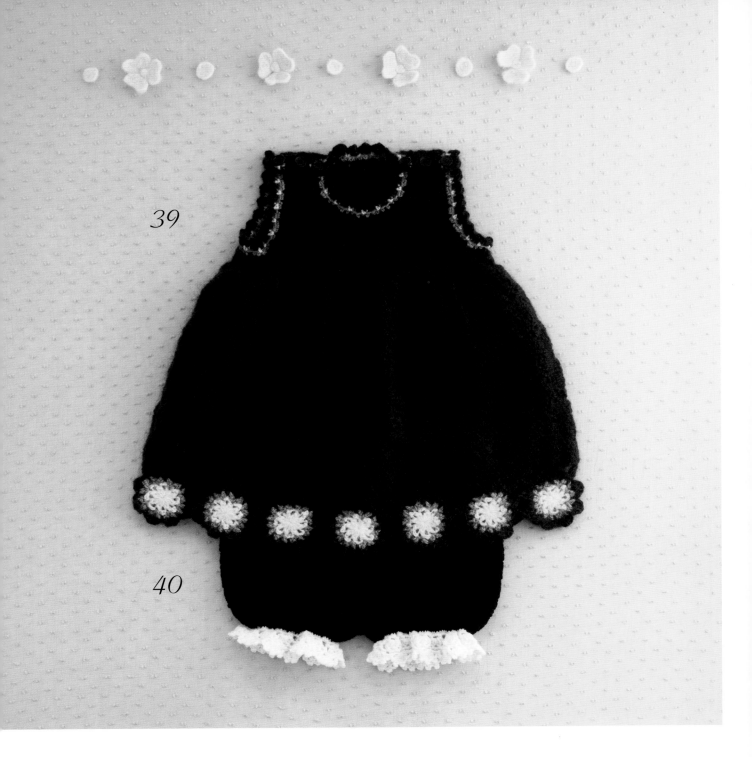

39

40

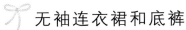
无袖连衣裙和底裤

跟跄学步的女宝宝肯定要有一件无袖连衣裙。
搭配带有荷叶边的底裤，小宝贝穿着很可爱！

编织方法＊作品39、41…第84页　作品40…第94页
重点教程＊作品39、41…第86页　作品40…第87页

12~24个月

41

39、41 无袖连衣裙

12 ～ 24 个月　　实物图片＊第82、83 页　重点教程＊第86 页

※ 作品39的材料
Silky Franc
112（黑色）…180g
101（白色）…15g
111（绿色）…10g
直径 1.2cm 纽扣 6 个

※ 作品41的材料
Silky Franc
109（粉色）…180g
101（白色）…15g
104（淡粉色）…10g
直径 1.2cm 纽扣 6 个

※ 钩针
5/0 号
※ 织片密度
10cm 见方：花纹针 21 针、9.5 行
花样 7cm × 7cm
※ 成品尺寸
胸围 52cm、背肩宽 23cm、衣长 42.5cm

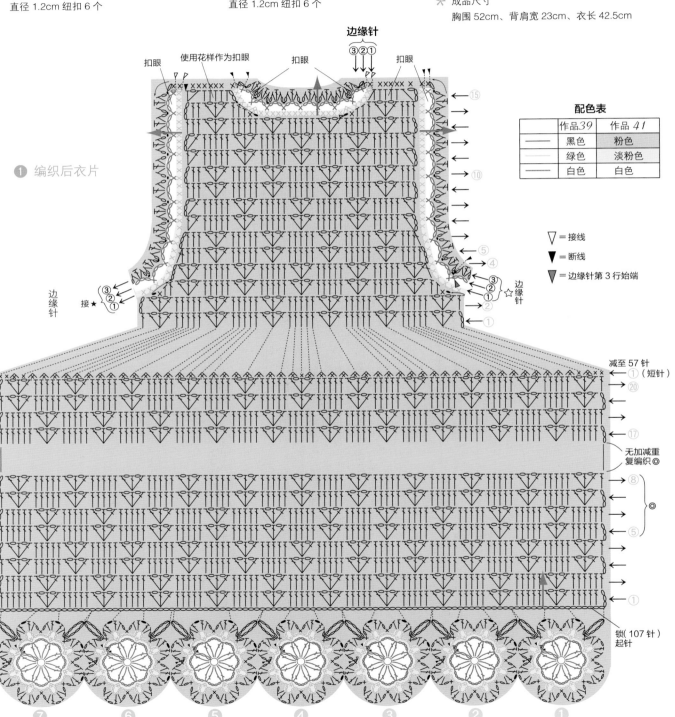

❶ 编织后衣片

边缘针

扣眼　使用花样作为扣眼　扣眼　边缘针 ③②① 扣眼

③②① 边缘针　接★ ③②①

边缘针 ☆③②①

减至 57 针 ①（短针）

无加减重复编织◎

锁（107 针）起针

❼ ❻ ❺ ❹ ❸ ❷ ❶

❹ 编织下摆的花样部分

配色表

	作品39	作品41
——	黑色	粉色
——	绿色	淡粉色
----	白色	白色

▽ =接线
▼ =断线
▼ =边缘针第 3 行始端

★编织方法

① 编织后衣片

锁针起针 107 针，花纹针参照图示编织至 20 行。过肩拼接线减针至 57 针，编织 1 行短针。接着编织 15 行过肩，用花纹针编织袖窿及领窝。

② 编织前衣片

按后贴边相同要领编织至过肩拼接线，过肩比后侧少 1 行的第 14 行侧编织袖窿及领窝。

③ 钉缝侧边、编织边缘针

锁针钉缝侧边（参照 86 页）。前领窝、后领窝、右袖窿及左袖窿侧分别编织 2 行边缘针。边缘针的第 3 行接线于右袖窿后侧 1cm（▼位置），接着整周编织左右袖窿、肩部、领窝。

④ 编织下摆的花样部分

第 3 行接衣片的起针，编织花样（参照 86 页）。

第 2 片开始同相邻的花样拼接，全部编织拼接 14 片。

⑤ 收尾处理

纽扣 3 个一组分别缝接于左右肩部。

② 编织前衣片

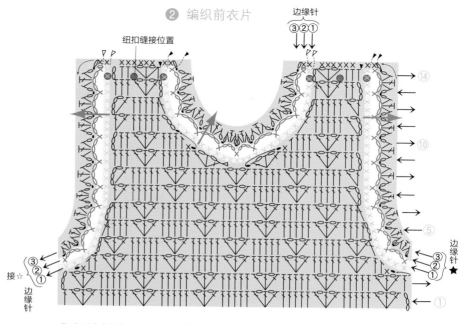

⑤ 收尾处理

③ 钉缝侧边、编织边缘针

领窝、袖窿（边缘针）

※ 边缘针的第 1、2 行分别编织前领窝、后领窝、右袖窿及左袖窿。
※ 边缘针的第 3 行接前后衣片整周编织。

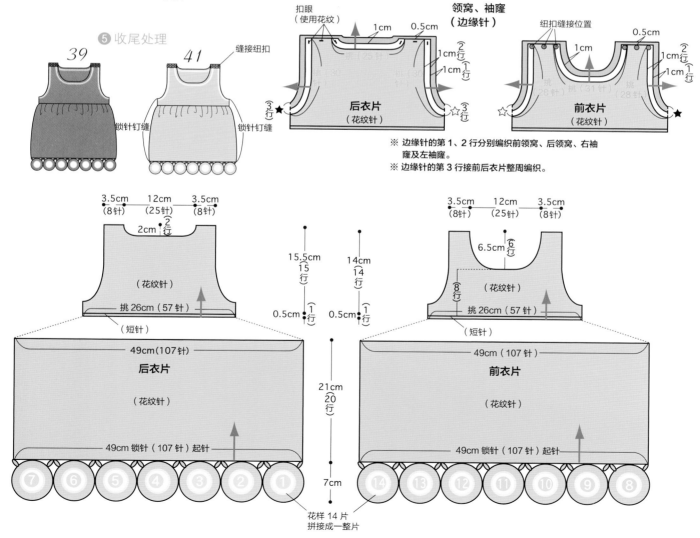

花样 14 片拼接成一整片

重点教程

  39   *41*

无袖连衣裙

12~24个月　编织方法…*P.84*

* 图中使用不同颜色线，便于理解。

✃ 侧边的钉缝方法（锁针钉缝）

1　正面对合2片前后衣片，入针于起针的锁针，并引线。

2　锁1针立起，起针的锁针侧编织短针1针，接着编织锁2针。

3　入针于行的拼接位置（箭头位置），编织短针。

4　重复"短针1针及锁2针"，钉缝侧边。

✃ 花样的拼接方法

1　钉缝衣片的左右侧边，花样在第3行中间拼接。

2　第3行的线袢前端拼接时，编织锁4针，入针于起针（衣片）的锁针的2根（呈八字）。

3　挂线于针尖引拔，接着编织锁4针。

4　接着的2个位置编织中长针1针及长针1针，同步骤2一样入针引拔。

5　衣片有4个点拼接，并编织完成花样剩余的部分。

6　第2片拼接于相邻的花样。将对面花样的锁针挑起束紧，制作引拔针。

7　线袢前端，入针于拼接前侧的引拔针的针圈，制作引拔针。

8　图中为2片拼接完成状态。第2片之后拼接于衣片和相邻的花样，全部拼接14片。

重点教程

40 底裤

12～24个月　　编织方法…P.94

* 图中使用不同颜色线，便于理解。

腰围的引返针

〈 右裤腿 〉

1 左裤腿入针于织片的第35针，引出新线，再次挂线引拔。

2 按从低到高顺序编织引拔针、短针、中长针、长针，编织成斜线。

3 斜线完成，编织长针至左端。

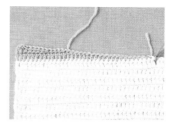

4 第2行按相反顺序（从高到底）编织斜线，线头穿入末端的针圈。

〈 左足 〉

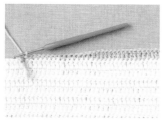

5 左裤腿接编织末端，第1行编织长针、中长针、短针、引拔针。

6 放大末端的针圈，穿入线结，引线收紧针圈。

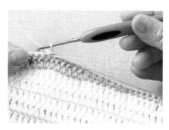

7 第2行靠近织片过线，入针于始端位置，并引出线。

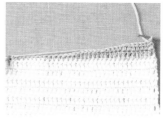

8 接着，编织引拔针、短针、中长针、长针，编织斜线。

松紧带的穿入方法

1 环状的松紧带送入内侧，折入方孔针部分（翻边2行），从侧边线位置缭缝。

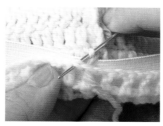

2 同线穿入手缝针，腰围线和方孔针逐针挑起缭缝。

3 缭缝，并及时确认针圈有无扭曲。

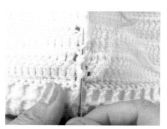

4 末端的钉缝线送入侧边线的钉缝针圈。

Material Guide

本书所用线的介绍

舒适度、质感、颜色等，
线的选择也是手工乐趣之一。
不易起球、材质柔软的可洗线等，
最适合钩针编织婴儿服饰。

Milky Baby

含量 * 羊毛60% 腈纶40%
规格 * 40g一卷　　　　线长 * 约114m
色数 * 13色　　　　钩针的适合号数 * 5/0～6/0号
　　　　　　　　　※可洗线、不易起球

Merino Kids

含量 * 羊毛100%（美利奴100%）
规格 * 40g一卷　　　　线长 * 约108m
色数 * 15色　　　　钩针的适合号数 * 5/0～6/0号
　　　　　　　　　※可洗线、不易起球

Silky Franc

含量 * 丝34% 羊毛33% 马海毛23% 尼龙10%
规格 * 40g一卷　　　　线长 * 约115m
色数 * 15色　　　　钩针的适合号数 * 5/0～6/0号

Make Make

含量 * 羊毛90% 马海毛10%
规格 * 25g一卷　　　　线长 * 约62m
色数 * 19色　　　　钩针的适合号数 * 6/0～7/0号

（图片同实物等大）

🪡 钩针编织的基础

[记号图的识别方法]

日本工业标准（JIS）规定，记号图均按正面表示。

钩针编织没有下针和上针的区别（引上针除外）。

下针及上针交替编织的平针，其记号图的表示不变。

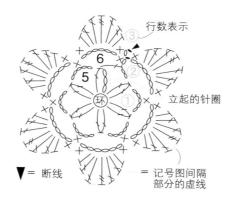

行数表示

立起的针圈

▼ = 断线　　　＝ 记号图间隔部分的虚线

由中心编织成圆形

由中心制作线环（或锁针），逐行环形编织。各行起始端接立起的针圈，连续编织。基本上，将织片正面向内，按记号图从右至左编织。

▼ = 断线　　　▽ = 接线

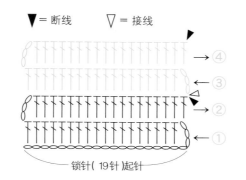

锁针（19针）起针

平针

其特点是左右为立起的针圈。基本上，右侧接立起的针圈时，将织片正面向内，按记号图从右至左编织。左侧接立起的针圈时，将织片反面向内，按记号图从左至右编织。图示为第3行换成配色线的记号图。

[线和针的拿持方法]

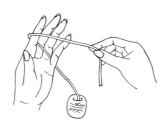

1 从左手的小拇指和无名指之间穿线至内侧，挂线于食指，线头引至内侧。

2 用大拇指和中指拿住线头，食指将线撑起。

3 针用大拇指和食指拿持，中指轻轻贴上针尖。

[起始针圈的制作方法]

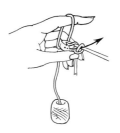

1 针从线的外侧贴上，并转动针尖。

2 再次挂线于针尖。

3 针穿入线环，将线祥引出。

4 引线头、收紧针圈，起始针圈制作完成（此针圈不计入针数）。

〔 锁针的识别方法 〕

正

反
里山

锁针的针圈有正面和反面。反面的中央引出的1根为锁针的"里山"。

〔 起针 〕

由中心编织成圆形
（用线头制作线环）

1 左手的食指则绕线2圈，制作线环。

2 抽出手指、拿住线环，针送入线环中，挂线引至内侧。

引出的针圈

3 再次挂线于针尖引出，编织立起的锁针。

4 第1行将针送入线环中，编织所需针数的短针。

5 先抽出针，引出起始线环的线和线头，并拉收线环。

6 第1行的末端，入针引拔于起始的短针的头部。

由中心编织成圆形
（用线头制作线环）

1 编织所需针数的锁针，入针引拔于始端锁针的半针。

2 挂线于针尖，引出线。这就是立起的锁针。

3 第1行入针于线环中，锁针挑起束紧，编织所需针数的短针。

4 第1行末端入针于初始的短针的头部，挂线引拔。

平针

立起的锁1针

1 编织所需针数的锁针和立起部分的锁针，从端部入针于第2针的锁针，挂线引拔。

2 挂线于针尖，如箭头所示挂线引拔。

3 第1行编织完成（立起的1针锁针不计入针数）。

〔 上一行针圈的挑起方法 〕

 编入于1针

挑起锁针束紧编织

1   2

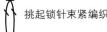

1

2

即使同样的泡泡针，按照记号图挑起针圈的方法也会有所变化。记号图的下方闭合时，编入于上一行的1针；记号图的下方打开时，将上一行的锁针挑起束紧编织。

90

〔 编织针圈符号 〕

 锁针

1 制作起始的针圈（参照第89页），挂线于针尖。

2 引出挂上的线，锁针完成。

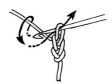
3 同样，重复步骤1及2继续编织。

4 锁针5针完成。

● 引拔针

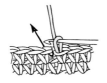
1 入针于上一行的针圈。

2 挂线于针尖。

3 再次引拔线。

4 引拔针完成1针。

✕ 短针

1 入针于上一行。

2 挂线于针尖，线祥引至内侧。

3 再次挂线于针尖，2线祥一并引拔。

4 短针完成1针。

T 中长针

1 挂线于针尖，入针于上一行针圈挑起。

2 再次挂线于针尖，引出至内侧（此状态为"未完成的中长针"）。

3 挂线于针尖，3线祥一并引拔。

4 中长针完成1针。

Ŧ 长针

1 挂线于针尖，入针于上一行的针圈，再次挂线引出至内侧。

2 如箭头所示，挂线于针尖，引拔2线祥（此状态为"未完成的长针"）。

未完成的长针
3 再次挂线于针尖，引拔剩余的2线祥。

4 长针完成1针。

Ŧ 长长针

1 两次挂线于针尖，入针于上一行，再次挂线，线祥引出至内侧。

2 如箭头所示，挂线于针尖，引拔2线祥。

3 相同动作再重复两次。"未完成的长长针"为仅重复一次相同动作的状态。

4 长长针完成1针。

短针2针
并1针

 1 如箭头所示，入针于上
一行的1针，引出线袢。

 2 下个针圈同样引出
线袢。

 3 挂线于针尖，3线袢一
并引拔。

 4 短针2针并1针完成。
比上一行减少1针的
状态。

 短针2针编入

 1 编织1针短针。

 2 相同针圈再次入针，
线袢引出至内侧。

 3 挂线于针尖，2线袢一
并引拔。

 4 同一针圈编入2针短
针。比上一行增加1针
的状态。

 短针3针编入

 1 编织1针短针。

 2 相同针圈再编织1
针短针。

 3 1相同针圈编入2针短针。
接着，再编织1针短针。

 4 相同针圈编入3针短
针。比上一行增加2
针的状态。

 长针2针
并1针

 1 上一行的1针侧未完成的
长针，如箭头所示入针于下
一针圈，引出线。

 2 挂线于针尖，引拔2线
袢，编织第2针未完成
的长针。

 3 挂线于针尖，3线袢一
并引拔。

 4 长针2针并1针完成。
比上一行减少1针的
状态。

 长针2针
编入

 1 编织完成1针长针的
相同针圈再编入长针。

 2 挂线于针尖，引拔2线
袢。

 3 再次挂线于针尖，引
拔剩余的2线袢。

 4 编入2针长针于1针。
比上一行增加1针的
状态。

 锁3针的引拔
辫子针

 1 编织3针锁针。

 2 入针于短针的头半针
和底1根。

 3 挂线于针尖，3线袢一
并引拔。

 4 引拔辫子针完成。

		1	2	3	4

✕

短针的
条纹针

1 看着每行正面编织。编织短针，引拔至起始的针圈。

2 编织立起的1针锁针，挑上上一行的外侧半针，编织短针。

3 同样，重复步骤2的要领，继续编织短针。

4 上一行的内侧半针存留于条纹状态。短针的条纹针第3行编织完成。

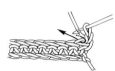 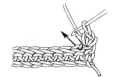  

✕

短针的
畦针

1 如箭头所示，入针于上一行针圈的外侧半针。

2 编织短针，下1针圈同样入针于外侧半针。

3 编织至端部，改变织片的朝向。

4 同步骤1及2，入针于外侧半针，编织短针。

长针3针的
泡泡针

1 上一行的针圈侧编织1针未完成的长针。

2 入针于相同针圈，继续编织2针未完成的长针。

3 挂线于针尖，挂于针的4线祥一并引拔。

4 长针3针的泡泡针完成。

中长针3针的
变形泡泡针

1 入针于上一行的针圈，编织3针未完成的中长针。

2 挂线于针尖，先引拔6线祥。

3 再挂线于针尖，引拔剩余的2线祥。

4 中长针3针的变形泡针完成。

长针5针的
泡泡针

1 上一行相同针圈编入5针长针，松开钩针后如箭头所示重新送入。

2 以此，将线祥引拔至内侧。

3 再次编织1针锁针，收紧。

4 长针5针的泡泡针完成。

〔刺绣方法〕

缎面绣

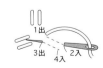

直线绣

✳ **材料**

Merino Kids

黑色（213）…100g

白色（201）…20g

宽 1.5cm 松紧带 50cm

松紧绳 40cm

✳ **钩针**

4/0 号

✳ **织片密度**

10cm 见方：长 22 针 10 行

✳ **成品尺寸**

上裆 20cm、下裆 6cm、臀围 62cm

✳ **编织方法**

❶ 编织左裤腿及右裤腿

用黑色线开始编织。

❷ 编织腰带及翻边

参照图示，编织腰带和翻边。

❸ 锁针钉缝左右裤腿

左右下裆锁针钉缝。对齐左右下裆的前后侧，锁针钉缝。

❹ 编织边缘针

裤脚侧，白色线编织 5 行边缘针成环状。

❺ 收尾处理

松紧带重叠 1.5cm 成环状，对齐腰围的腰带位置，缭缝翻边（参照 87 页）。最后，将松紧绳穿入裤脚的指定位置。

❶ 编织左裤腿及右裤腿

❷ 编织腰带及翻边

❸ 锁针钉缝左右裤腿

▽＝接线

▼＝断线

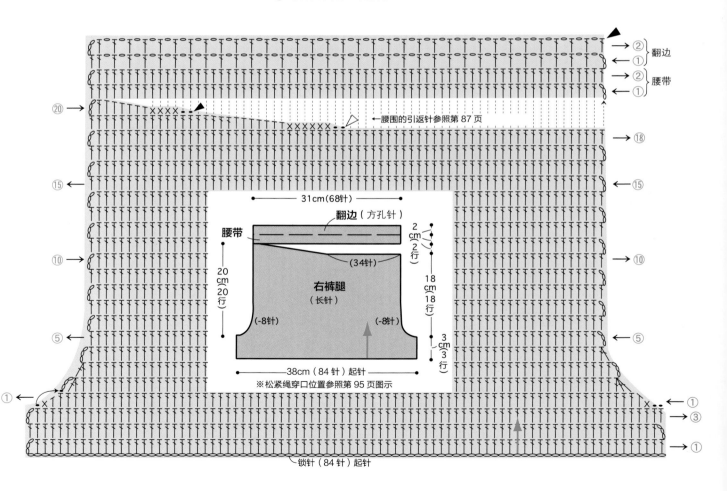

←腰围的引返针参照第 87 页

31cm（68针）

翻边（方孔针）

腰带

2 cm（2行）

（34针）

20 cm 20 行

右裤腿（长针）

18 cm 18 行

（-8针）　　（-8针）

3 cm（3行）

38cm（84 针）起针

※松紧绳穿口位置参照第 95 页图示

锁针（84 针）起针

❺ 收尾处理

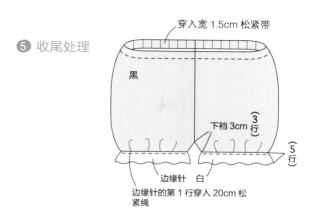

穿入宽 1.5cm 松紧带

黑

下档3cm 3 行

5 行

边缘针 白

边缘针的第 1 行穿入 20cm 松紧绳

❹ 编织边缘针

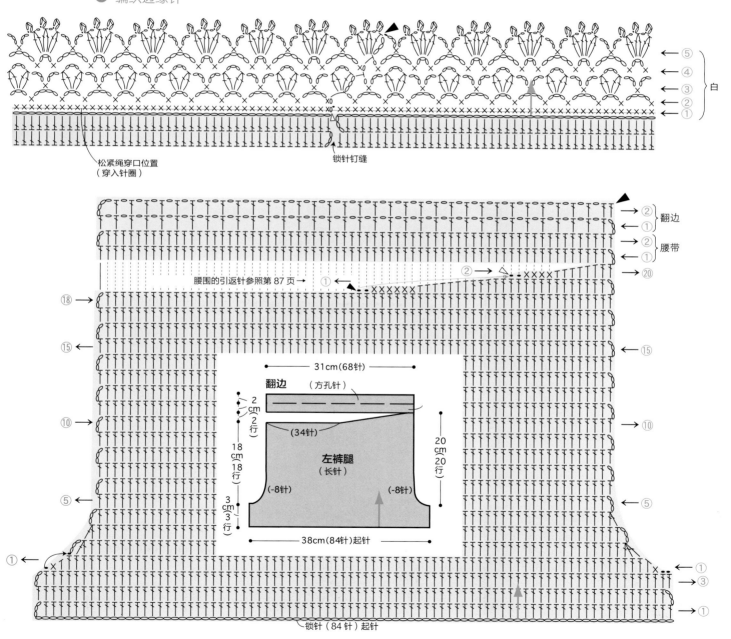

← ⑤
← ④
← ③ 白
← ②
← ①

松紧绳穿口位置
（穿入针圈）

锁针钉缝

→ ②
→ ① 翻边

→ ②
→ ① 腰带

腰围的引返针参照第 87 页→ ① ② → → ⑳

⑱

⑮   ⑮

⑩   ⑩

翻边   （方孔针）
31cm(68针)

（34针）

2cm 2行

18 cm 18 行

左裤腿
（长针）

20cm 20行

(-8针)   (-8针)

3cm 3行

38cm(84针)起针

⑤   ⑤

①   ①
                                → ③
                                → ①

锁针（84 针）起针

95

内 容 提 要

　　本书收录了日本超人气编织设计师河合真弓历年为0～24个月宝宝设计的经典作品，包含广受读者喜爱的小礼服、披肩、背心、包毯等，再搭配可爱的帽子、手套及鞋子等小物件。每一件作品都标明了尺寸和所使用的线材，图解详细明了，更有重点教程将钩针技法详细拆解，即使是编织新手，也可以为宝宝钩出最萌最舒适的宝宝装，让宝宝柔嫩的肌肤被温柔相待！

北京市版权局著作权合同登记号：图字01-2013-5876号

かぎ針で編む赤ちゃんニット大全集

Copyright ©eandgcreates　2012

Original Japanese edition published by eandgcreates

Chinese simplified character translation rights arranged with eandgcreates

Through Shinwon Agency Beijing Representative Office, Beijing.

Chinese simplified character translation rights © 2015 by China WaterPower Press

图书在版编目（ＣＩＰ）数据

　　一周轻松完成！河合真弓宝宝编织大全集 ／ 日本E&G
创意著 ； 陈琛译. -- 北京 ： 中国水利水电出版社，
2015.5
　　ISBN 978-7-5170-3048-5

　　Ⅰ．①一… Ⅱ．①日… ②陈… Ⅲ．①童服－毛衣－
编织－图集 Ⅳ．①TS941.763.1-64

　　中国版本图书馆CIP数据核字(2015)第058122号

策划编辑：余楹婷　　　责任编辑：余楹婷　　　封面设计：梁　燕

书　　名	一周轻松完成！河合真弓宝宝编织大全集
作　　者	[日] E&G创意 著 陈　琛 译
出版发行	中国水利水电出版社 （北京市海淀区玉渊潭南路 1 号 D 座　100038） 网　址：www.waterpub.com.cn E-mail：mchannel@263.net（万水） 　　　　　sales@waterpub.com.cn 电　话：（010）68367658（发行部）、82562819（万水）
经　　售	北京科水图书销售中心（零售） 电　话：（010）88383994、63202643、68545874 全国各地新华书店和相关出版物销售网点
排　　版	北京万水电子信息有限公司
印　　刷	联城印刷（北京）有限公司
规　　格	210mm×260mm　16 开本　6 印张　240 千字
版　　次	2015 年 5 月第 1 版　2015 年 5 月第 1 次印刷
印　　数	0001—6000 册
定　　价	36.00 元